普通高等教育"十三五"应用型规划教材

概率统计基础

主　编　陶茂恩

副主编　赵　玲　周金城　陈旭松

徐文明　杨昌海

华中师范大学出版社

内 容 简 介

　　本书为高职高专院校概率统计课程教材,主要内容包括排列组合、随机事件与概率、随机变量及其数字特征、统计学相关知识及各小节习题、各章总习题。

　　本书的特点是:淡化深奥的数学理论,加强对学生的数学思想及方法的培养,突出基础知识和基本技能的实用性,通俗易懂,便于教学,也便于学生自学;充分考虑高职高专院校学生的特点,较好地处理了初等数学与高等数学之间的过渡与衔接;各章节习题针对性强,题量和难度适中。

　　本书适合作为高职高专院校非数学专业概率统计课程的教材。

新出图证(鄂)字 10 号
图书在版编目(CIP)数据

概率统计基础/陶茂恩主编. —武汉:华中师范大学出版社,2018.7
ISBN 978-7-5622-8211-2

　Ⅰ.①概…　Ⅱ.①陶…　Ⅲ.①概率论—高等学校—教材　②数理统计—高等学校—教材　Ⅳ.①O21

中国版本图书馆 CIP 数据核字(2018)第 101982 号

概率统计基础
©陶茂恩　主编

编　辑　室:第二编辑室	电　　话:027-67867362	
责任编辑:李启丽　袁正科	责任校对:缪　玲	封面设计:胡　灿
出版发行:华中师范大学出版社	社　　址:湖北省武汉市珞喻路 152 号	
邮　编:430079	销售电话:027-67863426/67861549	
邮购电话:027-67861321	传　　真:027-67863291	
网　址:http://press.ccnu.edu.cn	电子信箱:press@mail.ccnu.edu.cn	
印　刷:武汉兴和彩色印务有限公司	督　印:王兴平	
开　本:787mm×1092mm　1/16	印　张:9.5	字　数:170 千字
版　次:2018 年 8 月第 1 版	印　次:2018 年 8 月第 1 次印刷	
印　数:1—3000	定　价:22.00 元	

前　　言

为了适应高职高专教育的需要,培养和造就更多的实用型、复合型和创新型人才,根据教育部《高职高专教育专业人才培养目标及规格》和《高职高专教育高等数学课程教学的基本要求》的规定,我们在认真总结高职高专数学教育教学改革的基础上,结合对高职高专学生知识层次、学习状况等情况的分析,编写了本书。

本书在编写过程中充分吸收了高职高专院校教学实践的经验,力求达到"以应用为目的,以够用为原则,以可读性为基点,以创新为导向"的基本要求,体现了基础性、实用性和发展性的和谐统一。具体表现在:(1)尊重科学,注重教材自身的系统性、逻辑性,对难度较大的基础理论部分,注重讲清概念,减少理论证明,注重对学生分析问题、解决问题能力的培养;(2)注重理论联系实际,强化对实际应用较多的基础知识的学习;(3)凸显数学思想的培养,即教给学生怎样用数学思想去解决实际问题。

本书具有以下特点:

(1)淡化深奥的数学理论,注重对学生数学思想及方法的培养,突出基础知识和基本技能的实用性,通俗易懂,便于老师教学,也便于学生自学。

(2)充分考虑高职高专院校学生的特点,较好地处理了初等数学与高等数学之间的过渡与衔接。

(3)各章节习题针对性强,题量和难度适中。

本书内容共分为四章,分别是:排列组合、随机事件与概率、随机变量及其数字特征、统计学相关知识。我们希望学生通过对本书的学习,能较系统地掌握必需的基础理论、基本知识和常用的运算方法,为他们学习后续课程和利用数学方法解决实际问题打下较为坚实的基础。

　　本书由襄阳职业技术学院组织编写。教务处熊绍刚副处长在本书的申报立项和出版方面给予了我们很大的鼓励和支持,公共课部肖尚军主任、武学慧书记、余红涛副主任在本书的编写方面给我们提供了很大的帮助,孟凡杰、贾婧在本书的编写过程中也给我们提出了很多修改意见,在此,对他们一并表示感谢。

　　尽管我们在这本书的特色建设方面做出了很多努力,但由于能力和水平有限,加之教学改革中的一些问题还有待探索,书中存在一些不足之处在所难免,恳请广大专家、读者批评指正。

编　者
2018 年 5 月

目　　录

第 1 章　排列组合

古印度的哈利神四只手中分别拿着狼牙棒、铁饼、莲花和贝壳，四样东西的排列不同哈利神就有不同的名字，你知道哈利神共有多少个不同的名字吗？在印度数学家拜斯迦罗的《立剌瓦提》一书中有一个著名的问题：湿婆神的十只手拿十样东西，绳、钩、蛇、鼓、头盖骨、三叉戟、床架、匕首、弓、箭，若十只手交换拿这十样东西，共有多少种不同方式？你知道我国《易经》一书中的"四象"和"八卦"是怎么产生的吗？唐朝僧人一行曾经研究过围棋布局的总数问题。古代的棋盘共有 17 路 289 个点，后来发展到 19 路 361 个点。你知道怎样计算出围棋布局的总数吗？

1.1　加法计数原理和乘法计数原理

先看下面的问题：

(1) 从我们班上推选出两名同学担任班长，有多少种不同的选法？

(2) 把我们班上的同学排成一排，共有多少种不同的排法？

要解决这些问题，就要运用有关排列组合知识。排列组合是一种重要的数学计数方法。总的来说，就是研究按某一规则做某事时，一共有多少种不同的做法。

在运用排列组合方法时，经常要用到加法计数原理与乘法计数原理。本节我们就从具体例子出发来学习这两个原理。

1.1.1　加法计数原理

问题

(1) 从 26 个大写的英文字母中任选 1 个或从阿拉伯数字中任选 1 个给教室里的座位编号，总共能够编出多少种不同的号码？

（2）从甲地到乙地，可以乘火车，也可以乘汽车。如果一天中火车有 3 班，汽车有 2 班。那么一天中，乘坐这些交通工具从甲地到乙地共有多少种不同的方式？

加法计数原理　完成一件事有两类不同方案，在第 1 类方案中有 m 种不同的方法，在第 2 类方案中有 n 种不同的方法。那么完成这件事共有

$$N = m + n$$

种不同的方法。

例 1　在填写高考志愿表时，一名高中毕业生了解到，A，B 两所大学各有一些自己感兴趣的强项专业，具体情况如表 1-1 所示。

表 1-1

A 大学	B 大学
生物学	数学
化学	会计学
医学	信息技术学
物理学	法学
工程学	

如果这名同学只能选一个专业，那么他共有多少种选择呢？

分析　由于这名同学在 A，B 两所大学中只能选择一所，而且只能选择一个专业，又由于两所大学没有共同的强项专业，因此符合加法计数原理的条件。

解　这名同学可以选择 A，B 两所大学中的一所，A 大学有 5 种强项专业，如果选择 A 大学则有 5 种选择方法；B 大学有 4 种强项专业，如果选择 B 大学则有 4 种选择方法。又由于没有一个强项专业是两所大学共有的，因此根据加法计数原理，这名同学可能的专业选择共有 5＋4 = 9（种）。

思考　如果完成一件事有 3 类不同方案，在第 1 类方案中有 m_1 种不同的方法，在第 2 类方案中有 m_2 种不同的方法，在第 3 类方案中有 m_3 种不同的方法，那么完成这件事共有多少种不同的方法？

如果完成一件事情有 n 类不同方案，在每一类方案中都有若干种不同方

法,那么应当如何计数呢?

结论　完成一件事情,有 n 类办法,在第 1 类办法中有 m_1 种不同的方法,在第 2 类办法中有 m_2 种不同的方法,……,在第 n 类办法中有 m_n 种不同的方法。那么完成这件事共有

$$N = m_1 + m_2 + \cdots + m_n$$

种不同的方法。

注意　加法计数原理针对的是"分类"问题,完成一件事要分为若干类,各类的方法相互独立,各类中的各种方法也相对独立,用任何一类中的任何一种方法都可以单独完成这件事。

1.1.2　乘法计数原理

问题　用前 6 个大写英文字母和数字 $1 \sim 9$,以 $A_1, A_2, \cdots, B_1, B_2, \cdots$ 的方式给教室里的座位编号,总共能编出多少个不同的号码?

用列举法可以列出所有可能的号码,如图 1-1 所示。

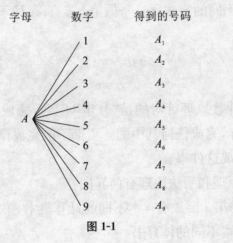

| 字母 | 数字 | 得到的号码 |

图 1-1

我们还可以这样来思考:由于前 6 个英文字母中的任意一个都能与 9 个数字中的任何一个组成一个号码,而且它们各不相同,因此共有 $6 \times 9 = 54$ 个不同的号码。

乘法计数原理　完成一件事需要两步,在第 1 步中有 m 种不同的方法,在第 2 步中有 n 种不同的方法。那么完成这件事共有

$$N = n \times m$$

种不同的方法。

例 2　设某班有男生 30 名,女生 24 名。现要从中选出男、女生各一名代表班级参加比赛,共有多少种不同的选法?

分析　选出一组参赛代表,可以分 2 个步骤:第 1 步选男生;第 2 步选女生。

解　第 1 步,从 30 名男生中选出 1 人,有 30 种不同选择;

第 2 步,从 24 名女生中选出 1 人,有 24 种不同选择。

根据乘法计数原理,共有 $30 \times 24 = 720$ 种不同的选法。

思考　如果完成一件事需要 3 个步骤,做第 1 步有 m_1 种不同的方法,做第 2 步有 m_2 种不同的方法,做第 3 步有 m_3 种不同的方法,那么完成这件事共有多少种不同的方法?

如果完成一件事情需要 n 个步骤,做每一步都有若干种不同方法,那么应当如何计数呢?

结论　完成一件事情,需要分成 n 个步骤,做第 1 步有 m_1 种不同的方法,做第 2 步有 m_2 种不同的方法,……,做第 n 步有 m_n 种不同的方法,那么完成这件事共有

$$N = m_1 \times m_2 \times \cdots \times m_n$$

种不同的方法。

注意　乘法计数原理针对的是"分步"问题,完成一件事要分为若干步,各个步骤相互依存,完成任何其中的一步都不能完成该件事,只有当各个步骤都完成后,才算完成这件事。

思考　加法原理和乘法原理有何异同?

例 3　书架的第 1 层放有 4 本不同的计算机书,第 2 层放有 3 本不同的文艺书,第 3 层放 2 本不同的体育书。

(1) 从书架上任取 1 本书,有多少种不同的取法?

(2) 从书架的第 1、2、3 层各取 1 本书,有多少种不同的取法?

(3) 从书架上任取 2 本不同学科的书,有多少种不同的取法?

分析　(1) 要完成的事是"取 1 本书",由于不论取书架的哪一层的书都可以完成这件事,因此是分类问题,应用分类计数原理;

(2) 要完成的事是"从书架的第 1、2、3 层中各取 1 本书",由于取一层中的

1 本书都只完成这件事的一部分,只有第 1、2、3 层都被取了 1 本后,才能完成这件事,因此是分步问题,应用乘法计数原理;

(3) 要完成的事是"取 2 本不同学科的书",先要考虑的是取哪两个学科的书,如取计算机和文艺书各 1 本,然后再考虑取 1 本计算机书和 1 本文艺书有多少种方法,从而首先分类,然后每一类再应用乘法计数原理。

解　(1) 从书架上任取 1 本书,有 3 类方法:第 1 类方法是从第 1 层取 1 本计算机书,有 4 种方法;第 2 类方法是从第 2 层取 1 本文艺书,有 3 种方法;第 3 类方法是从第 3 层取 1 本体育书,有 2 种方法。根据加法计数原理,不同取法的种数是

$$N = m_1 + m_2 + m_3 = 4 + 3 + 2 = 9;$$

(2) 从书架的第 1,2,3 层各取 1 本书,可以分成 3 个步骤完成:第 1 步从第 1 层取 1 本计算机书,有 4 种方法;第 2 步从第 2 层取 1 本文艺书,有 3 种方法;第 3 步从第 3 层取 1 本体育书,有 2 种方法。根据乘法计数原理,不同取法的种数是

$$N = m_1 \times m_2 \times m_3 = 4 \times 3 \times 2 = 24;$$

(3) 从书架上任取 2 本不同学科的书,可以分为 3 类:1 本计算机书和 1 本文艺书、1 本文艺书和 1 本体育书、1 本计算机书和 1 本体育书。根据加法计数原理和乘法计数原理,不同取法的种数是

$$N = 4 \times 3 + 4 \times 2 + 3 \times 2 = 26。$$

例 4　要从甲、乙、丙 3 幅不同的画中选出 2 幅,分别挂在左、右两边墙上的指定位置,问共有多少种不同的挂法?

解　从 3 幅画中选出 2 幅分别挂在左、右两边墙上,可以分 2 个步骤完成:第 1 步,从 3 幅画中选 1 幅挂在左边墙上,有 3 种选法;第 2 步,从剩下的 2 幅画中选 1 幅挂在右边墙上,有 2 种选法。根据乘法计数原理,不同挂法的种数是

$$N = 3 \times 2 = 6。$$

例 5　给程序模块命名,需要用 3 个字符,其中首字符要求用字母 $A \sim G$ 或 $U \sim Z$,后两个字符要求用数字 $1 \sim 9$,问最多可以给多少个程序命名?

分析　要给一个程序模块命名,可以分 3 个步骤:第 1 步,选首字符;第 2 步,选中间字符;第 3 步,选最后一个字符。而首字符又可以分为两类。

解　先计算首字符的选法。由加法计数原理,首字符共有 $7+6=13$ 种选法。

再计算可能的不同程序名称。由乘法计数原理,最多可以有 $13\times9\times9=1053$ 个不同的名称,即最多可以给 1053 个程序命名。

例 6　核糖核苷酸分子由磷酸、核糖和碱基构成。核糖核苷酸分子的碱基主要有 4 种,分别用 A,C,G,U 表示。一个核糖核苷酸分子中,各种碱基能够以任意次序出现,所以在任意一个位置上的碱基与其他位置上的碱基无关。假设有一类核糖核苷酸分子由 100 个碱基组成,那么能有多少种不同的核糖核苷酸分子?

分析　核糖核苷酸分子由 100 个碱基组成,相当于有 100 个位置排成一排,每个位置都可以从 A,C,G,U 中任选一个来占据。

解　100 个碱基组成的长排共有 100 个位置,从左到右依次的每一个位置可从 A,C,G,U 中任选一个填入,每个位置有 4 种填充方法。根据乘法计数原理,由 100 个碱基组成的核糖核苷酸分子数目有

$$\underbrace{4\cdot4\cdot\cdots\cdot4}_{100}=4^{100}(个)。$$

练习 1.1

1. 乘积 $(a_1+a_2+a_3)(b_1+b_2+b_3)(c_1+c_2+c_3+c_4+c_5)$ 展开后共有多少项?

2. 某电话局管辖范围内的电话号码由八位数字组成,其中前四位的数字是不变的,后四位数字都是 0 至 9 之间的一个数字,那么这个电话局不同的电话号码最多有多少个?

3. 从 5 名同学中选出正、副组长各 1 名,有多少种不同的选法?

4. 某商场有 6 个门,如果某人从其中的任意一个门进入商场,并且要求从其他的门出去,则共有多少种不同的进出商场的方式?

5. 如图 1-2,要给地图上 A、B、C、D 四个区域分别涂上 3 种不同颜色中的某一种,允许同一种颜色使用多次,但相邻区域必须涂不同的颜色,则不同的涂色方案有多少种?

6. 从甲地到乙地有 2 条路可通,从乙地到丙地有 3 条路可通,从甲地到丁

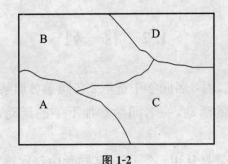

图 1-2

地有 4 条路可通,从丁地到丙地有 2 条路可通。问从甲地到丙地共有多少种不同的走法?

7. 书架上放有 3 本不同的数学书,5 本不同的语文书,6 本不同的英语书。

(1) 若从这些书中任取 1 本,有多少种不同的取法?

(2) 若从这些书中任取数学书、语文书和英语书各 1 本,有多少种不同的取法?

(3) 若从这些书中任取 2 本不同科目的书,有多少种不同的取法?

8. 5 名学生报名参加 4 项体育比赛,每人限报一项,报名方法的种数为多少?如果他们争夺这四项比赛的冠军,则获得冠军的可能性有多少种?

9. 随着人们生活水平的提高,某城市家庭汽车拥有量迅速增长,由交通管理部门出台了一种汽车牌照号码组成办法,每一个汽车牌照都必须有 3 个不重复的英文字母和 3 个不重复的阿拉伯数字,并且 3 个字母必须合成一组出现,3 个数字也必须合成一组出现。那么这种办法共能给多少辆汽车上牌照?

10. 现有临床医学 2016 级的学生 3 名,2017 级的学生 5 名,2018 级的学生 4 名。

(1) 从中任选 1 人参加社区的"健康行"活动,共有多少种不同的选法?

(2) 从 3 个年级的学生中各任选 1 人参加"两癌筛查"宣传活动,共有多少种不同的选法?

(3) 从 3 个年级的学生中任选 2 名不同年级的学生参加活动,共有多少种不同的选法?

1.2　排　列

问题1　从甲、乙、丙3名同学中选取2名同学参加某一天的一项活动,其中一名同学参加上午的活动,一名同学参加下午的活动,共有多少种不同的方法?

分析　这个问题就是从甲、乙、丙3名同学中每次选取2名同学,按照参加上午的活动在前,参加下午活动在后的顺序排列,一共有多少种不同的排法的问题。共有6种不同的排法:甲乙、甲丙、乙甲、乙丙、丙甲、丙乙,其中被取的对象叫作元素。

解决这一问题可分2个步骤:第1步,确定参加上午活动的同学,从3人中任选1人,有3种方法;第2步,确定参加下午活动的同学,当参加上午活动的同学确定后,参加下午活动的同学只能从余下的2人中去选,于是有2种方法。根据乘法计数原理,在3名同学中选出2名,按照参加上午活动在前,参加下午活动在后的顺序排列的不同方法共有3×2 = 6种,如图1-3所示。

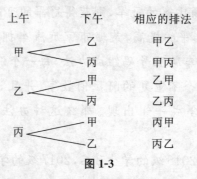

图1-3

把上面问题中被取的对象称作元素,于是问题可叙述为:从3个不同的元素 a、b、c 中任取2个,然后按照一定的顺序排成一列,一共有多少种不同的排列方法?所有不同的排列是 ab,ac,ba,bc,ca,cb,共有3×2 = 6种。

问题2　从1,2,3,4这4个数字中,每次取出3个排成一个三位数,共可得到多少个不同的三位数?

分析　解决这个问题分3个步骤:第1步先确定左边的数,在4个字母中任取1个,有4种方法;第2步确定中间的数,从余下的3个数中取,有3种方法;第3步确定右边的数,从余下的2个数中取,有2种方法。

由分步计数原理,共有 $4 \times 3 \times 2 = 24$ 种不同的方法。

显然,从 4 个数字中,每次取出 3 个,按"百""十""个"位的顺序排成一列,就得到一个三位数。因此有多少种不同的排列方法就有多少个不同的三位数。可以分 3 个步骤来解决这个问题:

第 1 步,确定百位上的数字,在 1,2,3,4 这 4 个数字中任取 1 个,有 4 种方法;

第 2 步,确定十位上的数字,当百位上的数字确定后,十位上的数字只能从余下的 3 个数字中去取,有 3 种方法;

第 3 步,确定个位上的数字,当百位、十位上的数字确定后,个位的数字只能从余下的两个数字中去取,有 2 种方法。

根据乘法计数原理,从 1,2,3,4 这 4 个不同的数字中,每次取出 3 个数字,按"百""十""个"位的顺序排成一列,共有 $4 \times 3 \times 2 = 24$ 种不同的排法,因而共可得到 24 个不同的三位数,如图 1-4 所示。

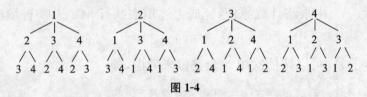

图 1-4

由此可写出所有的三位数:

$$123,124,132,134,142,143,$$
$$213,214,231,234,241,243,$$
$$312,314,321,324,341,342,$$
$$412,413,421,423,431,432。$$

同样,问题 2 可以归结为:从 4 个不同的元素 a,b,c,d 中任取 3 个,然后按照一定的顺序排成一列,共有多少种不同的排列方法?所有不同排列是

$$abc,abd,acb,acd,adb,adc,$$
$$bac,bad,bca,bcd,bda,bdc,$$
$$cab,cad,cba,cbd,cda,cdb,$$
$$dab,dac,dba,dbc,dca,dcb,$$

共有 $4 \times 3 \times 2 = 24$ 种。

1. 排列定义

从 n 个不同元素中,任取 $m(m \leqslant n)$ 个元素(这里的被取元素各不相同)按照一定的顺序排成一列,叫作从 n 个不同元素中取出 m 个元素的一个**排列**。

说明

(1) 排列的定义包括两个方面:① 取出元素;② 按一定的顺序排列。

(2) 两个排列相同的条件:① 元素完全相同;② 元素的排列顺序也相同。

2. 排列数的定义

从 n 个不同元素中,任取 $m(m \leqslant n)$ 个元素的所有排列的个数叫作从 n 个元素中取出 m 个元素的**排列数**,用符号 A_n^m 表示。

3. 排列数公式

由 A_n^2 的意义:假定有排好顺序的 2 个空位,从 n 个元素 $a_1, a_2, \cdots, a_n$ 中任取 2 个元素去填空,一个空位填一个元素,每一种填法就得到一个排列,反过来,任一个排列总可以由这样的一种填法得到,因此,所有不同的填法的种数就是排列数 A_n^2。由乘法计数原理,完成上述填空共有 $n(n-1)$ 种填法,即

$$A_n^2 = n(n-1)。$$

由此,求 A_n^3 可以按依次填 3 个空位来考虑,即

$$A_n^3 = n(n-1)(n-2)。$$

求 A_n^m 以按依次填 m 个空位来考虑,即

$$A_n^m = n(n-1)(n-2)\cdots(n-m+1),$$

于是得排列数公式

$$A_n^m = n(n-1)(n-2)\cdots(n-m+1)(m,n \in \mathbf{N}^*, m \leqslant n)。$$

特别地,当 $n = m$ 时即 n 个不同元素全部取出的一个排列叫作**全排列**。

全排列数　$A_n^n = n \times (n-1) \times (n-2) \times \cdots \times 2 \times 1 = n!$(读作 n 的阶乘)。

另外,我们规定 $0! = 1$。

例 1　计算:(1) A_{10}^4;　　(2) A_8^3;　　(3) $\dfrac{A_{10}^{10}}{A_6^6}$。

解　(1) $A_{10}^4 = 10 \times 9 \times 8 \times 7 = 5040$;

(2) $A_8^3 = 8 \times 7 \times 6 = 336$;

(3) $\dfrac{A_{10}^{10}}{A_6^6} = \dfrac{10!}{6!} = 10 \times 9 \times 8 \times 7 = 5040$。

由(1)(3)我们看到 $A_{10}^4 = \dfrac{A_{10}^{10}}{A_6^6}$。那么,这个结果有没有一般性呢?即

$$A_n^m = \frac{A_n^n}{A_{n-m}^{n-m}} = \frac{n!}{(n-m)!}。$$

排列数的另一个计算公式

$A_n^m = n(n-1)(n-2)\cdots(n-m+1)$

$$= \frac{n \times (n-1) \times (n-2) \times \cdots \times (n-m+1) \times (n-m) \times \cdots \times 3 \times 2 \times 1}{(n-m) \times (n-m-1) \times \cdots \times 3 \times 2 \times 1}$$

$$= \frac{n!}{(n-m)!} = \frac{A_n^n}{A_{n-m}^{n-m}},$$

即

$$A_n^m = \frac{n!}{(n-m)!}。$$

例 2　解方程 $3A_x^3 = 2A_{x+1}^2 + 6A_x^2$。

解　由排列数公式得

$$3x(x-1)(x-2) = 2(x+1)x + 6x(x-1),$$

因为 $x \geqslant 3$,所以

$$3(x-1)(x-2) = 2(x+1) + 6(x-1),$$

即

$$3x^2 - 17x + 10 = 0,$$

解得 $x = 5$ 或 $x = \dfrac{2}{3}$。

因为 $x \geqslant 3$,且 $x \in \mathbf{N}^*$,所以原方程的解为 $x = 5$。

例 3　某年全国足球甲级(A组)联赛共有 14 个队参加,每队要与其余各队在主、客场分别比赛一次,共进行多少场比赛?

解　任意两队间进行 1 次主场比赛与 1 次客场比赛,对应于从 14 个元素中任取 2 个元素的一个排列。因此,比赛的总场次是 $A_{14}^2 = 14 \times 13 = 182$。

例 4　(1) 从 5 本不同的书中选 3 本送给 3 名同学,每人各 1 本,共有多少种不同的送法?

(2) 从 5 种不同的书中买 3 本送给 3 名同学,每人各 1 本,共有多少种不同的送法?

解　(1) 从 5 本不同的书中选出 3 本分别送给 3 名同学,对应于从 5 个不同元素中任取 3 个元素的一个排列,因此不同送法的种数是 $A_5^3 = 5 \times 4 \times 3 = 60$;

（2）由于有 5 种不同的书，送给每个同学的 1 本书都有 5 种不同的选购方法，因此送给 3 名同学每人各 1 本书的不同方法种数是 $5 \times 5 \times 5 = 125$。

例 4 中两个问题的区别在于：（1）是从 5 本不同的书中选出 3 本分送 3 名同学，各人得到的书不同，属于求排列数问题；而（2）中，由于不同的人得到的书可能相同，因此不符合使用排列数公式的条件，只能用乘法计数原理进行计算。

例 5　用 0 到 9 这 10 个数字，可以组成多少个没有重复数字的三位数？

分析　在本问题中 0 到 9 这 10 个数字中，因为 0 不能排在百位上，而其他数可以排在任意位置上，因此 0 是一个特殊的元素。一般地，我们可以从特殊元素的排列位置入手来考虑问题。

解法 1　由于在没有重复数字的三位数中，百位上的数字不能是 0，因此可以分两步完成排列：第 1 步，排百位上的数字，可以从 1 到 9 这九个数字中任选 1 个，有 A_9^1 种选法；第 2 步，排十位和个位上的数字，可以从余下的 9 个数字中任选 2 个，有 A_9^2 种选法。根据乘法计数原理，所求的三位数有

$$A_9^1 \cdot A_9^2 = 9 \times 9 \times 8 = 648（个）。$$

解法 2　符合条件的三位数可分成 3 类。每一位数字都不是数 0 的三位数有 A_9^3 个，只有个位数字是 0 的三位数有 A_9^2 个，只有十位数字是 0 的三位数有 A_9^2 个。根据加法计数原理，符合条件的三位数有

$$A_9^3 + A_9^2 + A_9^2 = 648（个）。$$

解法 3　从 0 到 9 这 10 个数字中任取 3 个数字的排列数为 A_{10}^3，其中 0 在百位上的排列数是 A_9^2，它们的差就是用这 10 个数字组成的没有重复数字的三位数的个数，即所求的三位数的个数是

$$A_{10}^3 - A_9^2 = 10 \times 9 \times 8 - 9 \times 8 = 648。$$

练习 1.2

1. 计算：$\dfrac{2A_9^5 + 3A_9^6}{9! - A_{10}^6} = $ _____；$\dfrac{(m-1)!}{A_{m-1}^{n-1} \cdot (m-n)!} = $ _____。

2. （1）已知 $A_{10}^m = 10 \times 9 \times \cdots \times 5$，那么 $m = $ _____；

（2）已知 $9! = 362880$，那么 $A_9^7 = $ _____；

（3）已知 $A_n^2 = 56$，那么 $n = $ _____。

3. 一个火车站有8股岔道,停放4列不同的火车,有多少种不同的停放方法(假定每股岔道只能停放1列火车)?

4. 一部纪录影片在4个单位轮映,每一单位放映1场,有多少种轮映方式?

5. 某信号兵用红、黄、蓝3面旗从上到下挂在竖直的旗杆上表示信号,每次可以任意挂1面、2面或3面,并且不同的顺序表示不同的信号,一共可以表示多少种不同的信号?

6. 将4位司机、4位售票员分配到4辆不同班次的公共汽车上,使得每一辆汽车上分别有一位司机和一位售票员,共有多少种不同的分配方案?

7. 从10个不同的文艺节目中选6个编成一个节目单,如果某女演员的独唱节目一定不能排在第二个节目的位置上,则共有多少种不同的排法?

8. 从班委会5名成员中选出3名,分别担任班级学习委员、文娱委员与体育委员,其中甲、乙二人不能担任文娱委员,则不同的选法共有多少种?

9. 6张同排连号的电影票,分给3名教师与3名学生,若要求师生相间而坐,则不同的坐法有多少种?

10. (1) 7位同学站成一排,共有多少种不同的排法?

(2) 7位同学站成两排(前3后4),共有多少种不同的排法?

(3) 7位同学站成一排,其中甲站在正中间的位置,共有多少种不同的排法?

(4) 7位同学站成一排,甲、乙只能站在两端的排法共有多少种?

(5) 7位同学站成一排,甲、乙两人既不能站在排头也不能站在排尾的排法共有多少种?

(6) 7位同学站成一排,甲、乙两位同学必须相邻的排法共有多少种?

(7) 7位同学站成一排,甲、乙、丙3位同学都在一起的排法共有多少种?

(8) 7位同学站成一排,甲、乙两位同学必须相邻,而且丙不能站在排头和排尾的排法有多少种?

(9) 7位同学站成一排,甲、乙、丙3位同学必须站在一起,另外4位同学也必须站在一起的排法有多少种?

(10) 7位同学站成一排,甲、乙两位同学不相邻的排法共有多少种?

1.3　组　合

问题 1　从甲、乙、丙 3 名同学中选出 2 名去参加某天的一项活动,其中 1 名同学参加上午的活动,1 名同学参加下午的活动,有多少种不同的选法?

问题 2　从甲、乙、丙 3 名同学中选出 2 名去参加一项活动,有多少种不同的选法?

这两个问题一样吗?有何不同?

1. 组合的概念

一般地,从 n 个不同元素中取出 $m(m \leqslant n)$ 个元素并成一组,叫作从 n 个不同元素中取出 m 个元素的一个**组合**。

例如问题"从 A、B、C、D 四个景点选出 2 个进行游览"为组合问题,而问题"从甲、乙、丙、丁四个学生中选出 2 个学生担任班长和团支部书记"则属于排列问题。

2. 组合数的概念

从 n 个不同元素中取出 $m(m \leqslant n)$ 个元素的所有组合的个数,叫作从 n 个不同元素中取出 m 个元素的**组合数**。用符号 C_n^m 表示。

例如:示例 2 中从 3 个同学选出 2 名同学的组合可以为:甲乙,甲丙,乙丙。即有 $C_3^2 = 3$ 种组合。

又如:从 A、B、C、D 四个景点选出 2 个进行游览的组合:AB,AC,AD,BC,BD,CD 一共 6 种组合,即 $C_4^2 = 6$。

3. 组合数公式

问题 3　从 4 个不同元素 a, b, c, d 中取出 3 个元素的组合数 C_4^3 是多少呢?

由于排列是先组合后排列,而从 4 个不同元素中取出 3 个元素的排列数为 A_4^3,故我们可以考察一下 C_4^3 和 A_4^3 的关系,如下:

组合　　　　　　　排列

abc　→　abc,　bac,　cab,　acb,　bca,　cba

abd　→　abd,　bad,　dab,　adb,　bda,　dba

acd　→　acd,　cad,　dac,　adc,　cda,　dca

bcd　→　bcd,　cbd,　dbc,　bdc,　cdb,　dcb

由此可知：每一个组合都对应着 6 个不同的排列，因此，求从 4 个不同元素中取出 3 个元素的排列数 A_4^3，可以分如下两步：① 考虑从 4 个不同元素中取出 3 个元素的组合，共有 C_4^3 个；② 对每一个组合的 3 个不同元素进行全排列，共有 A_3^3 种方法。由分步计数原理得

$$A_4^3 = C_4^3 \cdot A_3^3,$$

所以

$$C_4^3 = \frac{A_4^3}{A_3^3}.$$

一般地，求从 n 个不同元素中取出 m 个元素的排列数 A_n^m，可以分如下两步：① 先求从 n 个不同元素中取出 m 个元素的组合数 C_n^m；② 求每一个组合中 m 个元素全排列数 A_m^m，根据分布计数原理得 $A_n^m = C_n^m \cdot A_m^m$，得组合数公式为

$$C_n^m = \frac{A_n^m}{A_m^m} = \frac{n(n-1)(n-2)\cdots(n-m+1)}{m!}$$

或

$$C_n^m = \frac{n!}{m!(n-m)!} \quad (n, m \in \mathbf{N}^*, \text{且} m \leqslant n)。$$

例 1　计算：(1)C_7^4；　(2)C_{10}^7。

解　(1) $C_7^4 = \dfrac{7!}{4! \times (7-4)!} = 35$；

(2) $C_{10}^7 = \dfrac{10!}{7! \times (10-7)!} = \dfrac{10 \times 9 \times 8}{3 \times 2 \times 1} = 120$。

例 2　4 名男生和 6 名女生组成至少有 1 个男生参加的 3 人实践活动小组，问组成方法共有多少种？

解法 1（直接法）　小组构成分 3 类：第 1 类为 3 人全部是男生，共有 C_4^3 种方法；第 2 类为 3 人中只有 2 名男生，共有 $C_4^2 \cdot C_6^1$ 种方法；第 3 类为 3 人中只有 1 名男生，共有 $C_4^1 \cdot C_6^2$。由加法计数原理得一共有 $C_4^3 + C_4^2 \cdot C_6^1 + C_4^1 \cdot C_6^2 = 100$ 种方法。

解法 2（间接法）　从 10 个元素中任抽 3 个元素的方法有 C_{10}^3 种，其中"3 名全是女生"的方法有 C_6^3 种，所以满足条件的方法为 $C_{10}^3 - C_6^3 = 100$。

例 3　100 件产品中有合格品 90 件，次品 10 件，现从中抽取 4 件进行检查。

(1) 都不是次品的取法有多少种？

(2) 至少有 1 件次品的取法有多少种？

(3) 不都是次品的取法有多少种？

解　(1) 都不是次品的取法有
$$C_{90}^4 = 2555190（种）；$$

(2) 至少有 1 件次品的取法有
$$C_{100}^4 - C_{90}^4 = C_{10}^1 C_{90}^3 + C_{10}^2 C_{90}^2 + C_{10}^3 C_{90}^1 + C_{10}^4 = 1366035（种）；$$

(3) 不都是次品的取法有
$$C_{100}^4 - C_{10}^4 = C_{90}^1 C_{10}^3 + C_{90}^2 C_{10}^2 + C_{90}^3 C_{10}^1 + C_{90}^4 = 3921015（种）。$$

例 4　从编号为 $1,2,3,\cdots,10,11$ 共 11 个球中，取出 5 个球，使得这 5 个球的编号之和为奇数，则一共有多少种不同的取法？

解　分为 3 类：1 奇 4 偶有 $C_6^1 C_5^4$ 种取法；3 奇 2 偶有 $C_6^3 C_5^2$ 种取法；5 奇 1 偶有 C_6^5 种取法，所以一共有 $C_6^1 C_5^4 + C_6^3 C_5^2 + C_6^5 = 236$ 种取法。

例 5　现有 8 名医生，其中有 5 名能胜任骨外科工作；有 4 名青年能胜任胸外科工作（其中有 1 名医生两项工作都能胜任），现在要从中挑选 5 名医生承担援藏任务，其中 3 名从事骨外科工作，2 名从事胸外科工作，有多少种不同的安排方法？

解　我们可以分为 3 类：

(1) 让两项工作都能担任的医生从事骨外科工作，有 $C_4^2 C_3^2$ 种方法；

(2) 让两项工作都能担任的医生从事胸外科工作，有 $C_4^3 C_3^1$ 种方法；

(3) 让两项工作都能担任的医生不从事任何工作，有 $C_4^3 C_3^2$ 种方法。

所以一共有 $C_4^2 C_3^2 + C_4^3 C_3^1 + C_4^3 C_3^2 = 42$ 种方法。

例 6　国庆节放假，急诊室的甲、乙、丙 3 名医生需要轮流值班。从周一至周六，每人值两天，但甲不值周一，乙不值周六。问可以排出多少种不同的值班表？

解法 1（排除法）　如果不考虑甲、乙二人的特殊情况，所有的值班表有 $C_6^2 C_4^2$ 种，但甲值周一的值班表有 $C_5^1 C_4^2$ 种，乙值周六的值班表有 $C_5^1 C_4^2$ 种，甲值周一而且乙值周六的值班表有 $C_4^1 C_3^2$ 种，从而满足条件的值班表共 $C_6^2 C_4^2 - 2C_5^1 C_4^2 + C_4^1 C_3^1 = 42$ 种。

解法 2　分为两类:一类为甲不值周一,也不值周六,有 $C_4^1 C_4^2$ 种值班表;另一类为甲不值周一,但值周六,有 $C_4^1 C_3^2$ 种值班表;所以一共有 $C_4^1 C_4^2 + C_4^1 C_3^2 = 42$ 种值班表。

例 7　6 本不同的书全部送给 5 人,每人至少 1 本,有多少种不同的送书方法?

解　第 1 步从 6 本不同的书中任取 2 本"捆绑"在一起看成一个元素,有 C_6^2 种方法;第 2 步将 5 个"不同元素(书)"分给 5 个人,有 A_5^5 种方法。根据乘法计数原理,一共有 $C_6^2 A_5^5 = 1800$ 种方法。

思考

(1) 6 本不同的书全部送给 5 人,有多少种不同的送书方法?

(2) 5 本不同的书全部送给 6 人,每人至多 1 本,有多少种不同的送书方法?

(3) 5 本相同的书全部送给 6 人,每人至多 1 本,有多少种不同的送书方法?

练习 1.3

1. (1) 平面内有 10 个点,以其中任意两个点为端点的线段共有多少条?

(2) 平面内有 10 个点,以其中任意两个点为端点的有向线段共有多少条?

2. 计算: $C_4^0 + C_4^1 + C_4^2 + C_4^3 + C_4^4$ 和 $C_5^0 + C_5^1 + C_5^2 + C_5^3 + C_5^4 + C_5^5$。

3. 现有 4 把规格各异的手术刀,4 个不同的盒子,

(1) 若将手术刀全部装入盒中,一共有多少种不同的装法?

(2) 若将手术刀全部装入盒中且恰有一个空盒的放法有多少种?

4. 身高互不相同的 7 名运动员站成一排,甲、乙、丙 3 人自左向右、从高到矮排列且互不相邻的排法有多少种?

5. 甲、乙两人从 4 门课程中各选修 2 门,则甲、乙所选的课程中恰有 1 门相同的选法有多少种?

6. 甲组有 5 名男同学,3 名女同学;乙组有 6 名男同学、2 名女同学。若从甲、乙两组中各选出 2 名同学,则选出的 4 人中恰有 1 名女同学的不同选法共有多少种?

习题 1

一、填空题。

1. $A_n^1 =$ _____ ;$C_n^3 =$ _____ ;$A_n^3 =$ _____ ;$A_5^2 =$ _____ ;$C_5^2 =$ _____。

2. 计算：$C_7^3 + C_7^4 + C_8^5 + C_9^6 =$ _____。

3. 从 2000 到 3000 的所有自然数中，为 3 的倍数或 5 的倍数者共有 _____ 个。

4. 某女生有上衣 5 件、裙子 4 件、外套 2 件，请问她外出时共有 _____ 种上衣、裙子和外套的搭配法。

5. 老师想从 10 位干部中选出 3 人分别担任班会主席、司仪及记录，共有 _____ 种安排方法。

6. 2 个中国人、2 个日本人和 2 个美国人排成一列，同国籍不相邻，共有 _____ 种排法。

7. 如果某人某一月的周末都从上网、打牌、游泳、慢跑、打篮球 5 种活动中选一种作为休闲运动，那么这个月 4 个周末共有 _____ 种不同的休闲安排。

8. 某校要求每位学生从 7 门课程中选修 4 门，其中甲、乙两门课程不能都选，则不同的选课方案有 _____ 种。

9. 用 0,1,2,3,4,5 组成无重复数字的四位数，其中能被 25 整除的数有 _____ 个。

10. 自甲地到乙地有电车路线 1 条，公交车路线 3 条，自乙地到丙地有电车路线 2 条，公交车路线 2 条。今小明自甲地经乙地再到丙地，若甲地到乙地与乙地到丙地 2 次选择的路线中，电车与公交车路线各选 1 次，则有 _____ 种不同的路线安排。

二、解答题。

1. 王老师改考卷，她希望成绩是由 0,4,5,6,7,8,9 这 7 个数字所组成的 2 位数，则：

(1) 不小于 60 分的数有几个?

(2) 有几个 3 的倍数?

(3) 改完考卷后发现由小到大排列的第 12 个数正是全班的平均成绩, 请问班上的平均成绩是多少?

2. 某乒乓球俱乐部拟购买 8 把球拍以供忘记携带球拍的会员使用, 若球拍分为甲、乙、丙 3 类, 试问俱乐部有多少种不同的购买方式?

3. 车商将 3 辆不同的商务车及 3 辆不同的跑车排成一列展示。求下列各种排列方法:

(1) 商务车及跑车相间排列;

(2) 商务车及跑车各自排在一起。

4. 从 6 本不同的英文书与 5 本不同的中文书中选取 2 本英文书与 3 本中文书排在书架上, 共有几种排法?

5. 医院从 8 名医生中选派 4 名医生分别去 4 个国家研习, 每个国家 1 人。其中甲和乙不能同时被选派, 甲和丙只能同时被选派或同时不被选派, 问共有几种选派方法?

6. 甲、乙、丙 3 人站到共有 7 级的台阶上, 若每级台阶最多站 2 人, 同一级台阶上的人不区分站的位置, 则不同的站法种数有多少?

7. 某地政府召集 5 家医药公司的负责人开会, 其中甲公司有 2 人到会, 其余 4 家公司各有 1 人到会, 会上有 3 人发言, 则这 3 人来自 3 家不同公司的可能情况有多少种?

8. 从 10 名大学毕业生中选 3 个人担任村主任助理, 则甲、乙至少有 1 人入选, 而丙没有入选的不同选法的种数有多少?

9. 马路上有编号为 $1,2,3,\cdots,10$ 的十盏路灯, 为节约用电又不影响照明, 可以把其中 3 盏灯关掉, 但不可以同时关掉相邻的 2 盏或 3 盏, 在两端的灯都不能关掉的情况下, 有多少种不同的关灯方法?

10. 2018 年襄阳马拉松组委会将从小张、小赵、小李、小罗、小王 5 名志愿者中选派 4 人分别从事翻译、导游、礼仪和司机 4 项不同工作, 若其中小张和小赵只能从事前两项工作, 其余 3 人均能从事这 4 项工作, 则不同的选派方案共有多少种?

第 2 章　　随机事件与概率

在第二次世界大战中，美军曾经宣称：一名优秀数学家的作用超过 10 个师的兵力。这句话有一个非同寻常的来历。

1943 年以前，大西洋上的盟军运输船队常常受到德国潜艇的袭击，当时，盟军限于实力，无力增派更多的护航舰，一时间，德军的"潜艇战"搞得盟军焦头烂额。在这进退两难之际，有位美国海军将领专门去请教了几位数学家。数学家运用概率论分析后发现，运输船队与德国潜艇相遇是一个随机事件，即船队是否被袭击，取决于航行过程中是否与德国潜艇相遇，而与德国潜艇相遇是有可能发生，也有可能不发生的。从数学角度来看这一问题，它具有以下规律：

（1）一定数量的船只，每一个船队规模越小，批次就越多；批次越多，与德国潜艇相遇的概率就越大。

（2）一旦与敌潜艇相遇，船队的规模越小，每艘船被击中的可能性就越大。

盟军接受了数学家的建议，改进了运输船由各个港口分散启航的做法，命令船队在指定海域集合，再集体通过危险海区，然后再各自驶向预定港口。

奇迹出现了，盟军运输船队遭袭击被击沉的概率由原来的 25％ 降低为 1％，大大减少了损失，保证了战略物资的供应。

在自然界和实际生活中，我们会遇到各种各样的现象。如果从结果能否预知的角度来看，可以分为两大类：一类现象的结果总是确定的，即在一定的条件下，它所出现的结果是可以预知的，这类现象被称为确定性现象；另一类现象的结果是无法预知的，即在一定的条件下，出现那种结果是无法预先确定的，这类现象被称为随机现象。确定性现象，一般有着较明显的内在规律，因此比较容易掌握它。而随机现象，由于它具有不确定性，因此它成为人们研究的重点。随机现象在一定条件下具有多种可能发生的结果，今天我们就开始来研究随机事件及其概率的问题。

2.1　随机事件

为了探究随机现象的规律性,需要对随机现象进行观察.我们把观察随机现象或为了某种目的而进行的实验统称为试验.

首先我们考虑以下一些情况:

E_1:抛一枚硬币,观察正面 H、反面 T 的出现情况;

E_2:将一枚硬币连抛三次,观察正面 H、反面 T 的出现情况;

E_3:掷一颗骰子,观察出现的点数;

E_4:记录电话交换台一分钟接到的呼唤次数;

E_5:在一批灯泡中任取一只,测试其寿命 t.

2.1.1　随机试验

以上我们列举的这些试验都具有以下特点:

(1) 可以在相同的条件下重复地进行;

(2) 每次试验的可能结果不止一个,并且能事先明确试验的所有可能结果;

(3) 进行一次试验之前不能确定哪一个结果会出现.

在概率论中,我们将具有上述三个特点的试验称为**随机试验**.

2.1.2　样本空间

把随机试验 E 的所有可能结果组成的集合称为 E 的**样本空间**,记为 Ω.样本空间的元素,即 E 的每个结果称为**样本点**.

例如上面的 5 个随机试验的样本空间分别为

$\Omega_1 = \{H, T\}$;

$\Omega_2 = \{HHH, HHT, HTH, THH, HTT, THT, TTH, TTT\}$;

$\Omega_3 = \{1, 2, 3, 4, 5, 6\}$;

$\Omega_4 = \{0, 1, 2, 3, \cdots\}$;

$\Omega_5 = \{t \mid t \geqslant 0\}$.

2.1.3 随机事件

观察下列现象：

现象一：木柴燃烧，产生能量；

现象二：实心铁块丢入水中，铁块浮起；

现象三：在标准大气压下且温度低于 0℃ 时，雪融化；

现象四：转动转盘后，指针指向黄色区域；

现象五：两人各买 1 张彩票，均中奖。

想一想 按事件发生的结果，以上事件可以分为几类，分别有什么特点？

定义 2.1 在同一条件下重复进行试验时，有的结果在每次试验中一定会发生，叫作**必然事件**。即该事件包含了所有样本点，总是发生。

定义 2.2 在同一条件下重复进行试验时，有的结果在每次试验中始终不会发生，叫作**不可能事件**。即该事件不包含任何样本点，总是不发生。

定义 2.3 在随机试验中，可能发生也可能不发生的事情就叫**随机事件**。随机事件常用大写字母 $A, B, C, \cdots$ 表示，它是样本空间 Ω 的子集。在每次试验中，当且仅当子集 A 中的一个样本点出现时才称事件 A 发生。

思考

（1）相传古代有个王国，国王非常阴险且多疑，一位正直的大臣得罪了国王，被判死刑。这个国家世代沿袭着一条奇特的法规：凡是死囚，在临刑前都要抽一次"生死签"（写着"生"和"死"的两张纸条）。犯人当众抽签，若抽到"死"签，则立即被处死；若抽到"生"签，则当场被赦免。国王一心想处死大臣，与几个心腹密谋，想了一条毒计：暗中让执行官把"生死签"上都写上"死"字，两"死"抽一，必死无疑。然而在断头台前，聪明的大臣迅速抽出一张签纸塞进嘴里，等到执行官反应过来，签纸早已被吞下，大臣故作叹息地说："我听天意，将苦果吞下，只要看剩下的签是什么字就清楚了。"剩下的当然写着"死"字。国王怕犯众怒，只好当众释放了大臣。国王机关算尽，想让大臣死，却搬起石头砸了自己的脚，让机智的大臣死里逃生。

① 在法规中，大臣被处死是什么事件？

② 在国王的阴谋中，大臣被处死是什么事件？

③ 在大臣的计策中，大臣被处死是什么事件？

（2）某篮球运动员在里约奥运会某场比赛的第一节中共投篮 5 次，那么："他投进 6 次"、"投进的次数比 6 小"和"投进的次数是 3 次"分别是什么事件？

2.1.4　基本事件

在一次试验中，我们常常要关心的是所有可能发生的基本结果。

思考

（1）抛掷一枚骰子，向上的点数有多少种可能出现的结果？

（2）抛掷一枚骰子，向上的点数为奇数有多少种可能的结果？

定义 2.4　在一次试验中，所有可能出现的结果都不能再分解也不能同时发生，这样的事件称为**基本事件**。

思考　抛掷一枚骰子，基本事件是什么？样本空间是什么？

练习 2.1

1. 你知道自然界中的现象可分为几类吗？

2. 下列各现象各属于哪一类？

（1）向上抛石块；

（2）给一高烧儿童服用"美林"的治疗效果；

（3）今天进入武商百货的顾客数；

（4）一天内访问百度百科的 IP 数；

（5）一种新型感冒药的市场占有率；

（6）在一个标准大气压下将水加热到 100℃。

3. 随机试验必须满足哪些条件？

4. 向上抛一枚骰子观察其点数，有哪些可能的结果？每种结果被称为随机试验的什么？所有可能的结果放在一起构成一个集合，这个集合又被称为随机试验的什么？

5. 请写出下列随机试验的样本点和样本空间。

（1）观察本节课举手的同学；

（2）观察一高烧儿童服用"美林"后的效果。

6. 一个盒子中装有 10 个完全相同的小球，分别标以号码 1，2，…，10，从中任取一球，观察球的号码，写出这个试验的基本事件与样本空间。

7. 一先一后掷两枚硬币,观察朝上的面。

(1) 写出基本事件及样本空间;

(2) 至少有 1 次出现正面包含哪几个基本事件?

8. 投掷一对均匀的骰子,观察向上的点数。

(1) 写出这个试验的样本空间;

(2) "点数之和不大于 7"这一事件,包括哪几个基本事件?

(3) "点数之和等于 3"这一事件,包括哪几个基本事件?

9. 指出下列事件是必然事件、不可能事件还是随机事件?

(1) 我国东南沿海某地明年将 3 次受到热带气旋的侵袭;

(2) 若 a 为实数,则 $|a+1|+|a+2|=0$;

(3) 襄阳地区每年 1 月份月平均气温低于 7 月份月平均气温;

(4) 发射 1 枚炮弹,命中目标;

(5) 如果 a、b 均为实数,则 $a+b=b+a$;

(6) 某同学上课玩手机被抓;

(7) 磁铁同性相斥,异性相吸;

(8) 临床 1706 班同学在概率统计基础课程期末检测中优秀率达到 35%;

(9) 没水的时候种子发芽;

(10) 打雷下大雨。

2.2　事件的关系与运算

对于随机试验而言,它的样本空间 Ω 可以包含很多个随机事件,概率论的任务之一就是研究随机事件的规律,通过对较简单事件规律的研究来掌握更复杂事件的规律,为此需要研究事件之间的关系与运算。

若没有特殊说明,我们认为样本空间 Ω 是给定的,且还定义了 Ω 中的一些事件 $A,B,A_i(i=1,2,\cdots)$ 等。由于随机事件是样本空间的子集,从而事件的关系与运算和集合的关系与运算完全相类似。

在掷骰子的试验中,我们可以定义许多事件,如:

$C_1=\{$出现 1 点$\}$;　　　$C_2=\{$出现 2 点$\}$;　　　$C_3=\{$出现 3 点$\}$;

$C_4=\{$出现 4 点$\}$;　　　$C_5=\{$出现 5 点$\}$;　　　$C_6=\{$出现 6 点$\}$;

$D_1 = \{$出现的点数不大于 1$\}$；　　　$D_2 = \{$出现的点数大于 3$\}$；

$D_3 = \{$出现的点数小于 5$\}$；　　　$E = \{$出现的点数小于 7$\}$；

$F = \{$出现的点数大于 6$\}$；　　　　$G = \{$出现的点数为偶数$\}$；

$H = \{$出现的点数为奇数$\}$。

思考

(1) 上述事件中有必然事件或不可能事件吗？有的话，哪些是？

(2) 若事件 C_1 发生，则还有哪些事件也一定会发生？反过来可以吗？

(3) 上述事件中，哪些事件发生会使得 $I = \{$出现 1 点或 5 点$\}$ 也发生？

(4) 上述事件中，哪些事件发生会使得 $J = \{$出现 1 点且 5 点$\}$ 也发生？

(5) 若只掷一次骰子，则事件 C_1 和事件 C_2 有可能同时发生吗？

(6) 在掷骰子试验中，事件 G 和事件 H 是否一定有 1 个会发生？

2.2.1　事件间的关系

1. 事件的包含

如果"事件 A 发生必然导致事件 B 发生"，即属于 A 的每一个样本点一定也属于 B，则称**事件 A 包含于事件 B**，或称**事件 B 包含事件 A**，记作 $A \subset B$ 或 $B \supset A$。

含义　$A \subset B$ 是指 A 中样本点均为 B 中样本点。

例如，$A = \{2\}$，$B = \{2,4,6\}$，则 $A \subset B$。

事件 $C_1 = \{$出现 1 点$\}$ 发生，则事件 $H = \{$出现的点数为奇数$\}$ 也一定会发生，所以 $H \supset C_1$ 或 $C_1 \subset H$。

性质 1

(1) $A \subset A$；

(2) 若 $A \subset B$，$B \subset C$，则 $A \subset C$；

(3) $\varnothing \subset A \subset \Omega$。

注　不可能事件记作 $\varnothing$，任何事件都包括不可能事件。必然事件记作 Ω。

2. 事件相等

如果"事件 A 包含事件 B，事件 B 也包含事件 A"，则称**事件 A 与事件 B 相等**，记作 $A = B$。

含义　$A = B$ 就是事件 A 与事件 B 样本点完全相同。

性质 2　若 $A = B, B = C$, 则 $A = C$。

例如掷骰子试验中, 事件 $C_1 = \{$出现 1 点$\}$ 发生, 则事件 $D_1 = \{$出现的点数不大于 1$\}$ 就一定会发生, 反过来也一样, 所以 $C_1 = D_1$。

2.2.2　事件的运算

1. 事件的并(和)

如果"事件 A 与事件 A 至少有一个发生", 那么这一事件称作事件 A 与 B 的**并(和)**, 记作 $A \cup B$ 或 $A + B$。

含义　$A \cup B$ 是由事件 A 与事件 B 的所有样本点构成的事件。

例如掷骰子试验中, $A = \{1, 2, 3\}$ 表示掷出点数不多于 3 的事件; $B = \{2, 4, 6\}$ 表示掷出偶数点的事件, 则 $A + B = \{1, 2, 3, 4, 6\} = C$。

可见, 事件 A 与事件 B 的和事件 C, 即是把构成各事件的那些基本事件并在一起所构成的事件。

当掷出"$1, 2, 3, 4, 6$"之中任意 1 个点数时, 事件 C 发生; 当掷出点数为"5"时, 事件 C 不发生。

推广到 n 个事件: 设有 n 个事件 $A_1, A_2, \cdots, A_n$, 这 n 个事件中至少有一个发生的事件为 A, 则 A 为 $A_1, A_2, \cdots, A_n$ 的和, 记作

$$A = A_1 + A_2 + \cdots + A_n \quad \text{或} \quad A = A_1 \cup A_2 \cup \cdots \cup A_n。$$

性质 3　对任意一事件 A, 有: (1)$A + A = A$; (2)$A + \Omega = \Omega$; (3)$A + \varnothing = A$。

2. 事件的交(积)

"事件 A 与事件 B 同时发生"这一事件称作事件 A 与 B 的**交(积)**, 记作 $A \cap B$ 或 AB。

含义　$A \cap B$ 是由事件 A 与事件 B 公共的样本点所构成的事件。

例如掷骰子试验, $A = \{1, 2, 3\}$ 为掷出点数不多于 3 的事件; $B = \{2, 4, 6\}$ 为掷出偶数点的事件, 则 $AB = \{2\} = C$。

事件 A 与事件 B 的积事件 C, 是由同时属于 A 和 B 的全体基本事件构成的事件。

推广到 n 个事件: 设有 n 个事件 $A_1, A_2, \cdots, A_n$, 这 n 个事件同时发生的事件为 A, 则 A 为 $A_1, A_2, \cdots, A_n$ 的积, 记作

$$A = A_1 A_2 \cdots A_n \quad \text{或} \quad A = A_1 \cap A_2 \cap \cdots \cap A_n。$$

性质 4　对任一事件 A,有:(1)$AA = A$;(2)$A\Omega = A$;(3)$A\varnothing = \varnothing$。

3. 事件的差

"事件 A 发生而事件 B 不发生"这一事件称作事件 A 与事件 B 的差,记作

$$A - B。$$

含义　$A - B$ 是由属于事件 A 但不属于事件 B 的样本点所构成。

例如掷骰子试验,$A = \{1,2,3\}$ 表示掷出点数不多于 3 的事件;$B = \{2,4,6\}$ 表示掷出偶数点的事件,则

$$A - B = \{1,3\},B - A = \{4,6\}。$$

2.2.3　事件的互斥

1. 互不相容事件(互斥事件)

若"事件 A 与事件 B 不能同时发生",也就是说 AB 是不可能事件,即 $AB = \varnothing$,则称 A 与 B 是**互不相容事件**;反之,则称 A 与 B 为**相容事件**。

例如,掷一枚质地均匀的骰子,$A = \{3$ 点朝上$\}$,$B = \{$偶数点朝上$\}$,$C = \{5$ 点朝上$\}$,则 A 与 B,B 与 C,A 与 C 均为互不相容事件。

含义　基本事件中任何两个事件均互不相容。

推广到 n 个事件:设 n 个事件 $A_1,A_2,\cdots,A_n$ 中任意两个事件都互不相容,即 $A_iA_j = \varnothing$,则称 $A_1,A_2,\cdots,A_n$ 是两两互不相容的。

2. 对立事件

"事件 A 不发生"这一事件称作事件 A 的**对立事件**,记作 $\overline{A}$。

含义　$\overline{A}$ 是由 Ω 中不属于事件 A 的样本点所构成的。

例如,掷一枚质地均匀的骰子,$A = \{$点数不小于 3$\}$,则 $\overline{A} = \{$点数小于 3$\}$。

性质 5　(1)$\overline{\varnothing} = \Omega$;(2)$\overline{\Omega} = \varnothing$;(3)$\overline{\overline{A}} = A$。

例 1　甲、乙、丙 3 射手击中目标的事件分别为 A,B,C,请将以下事件用 A,B,C 表示出来。

(1) 甲击中目标而乙、丙未击中;

(2) 甲未击中目标而乙、丙都击中;

(3) 3 人中恰有 1 人击中目标;

(4) 3 人中恰有 2 人击中目标;

（5）3 人中至少有 1 人击中目标；

（6）3 人都击中目标；

（7）3 人都未击中目标；

（8）3 人中至多有 2 人击中目标。

解　（1）甲击中目标而乙、丙未击中：$A\overline{B}\overline{C}$；

（2）甲未击中目标而乙、丙都击中：$\overline{A}BC$；

（3）3 人中恰有 1 人击中目标：$A\overline{B}\overline{C} \cup \overline{A}B\overline{C} \cup \overline{A}\overline{B}C$；

（4）3 人中恰有 2 人击中目标：$\overline{A}BC \cup A\overline{B}C \cup AB\overline{C}$；

（5）3 人中至少有 1 人击中目标：$A \cup B \cup C$；

（6）3 人都击中目标：ABC；

（7）3 人都未击中目标：$\overline{A}\overline{B}\overline{C}$；

（8）3 人中至多有 2 人击中目标（除去"3 人都击中"以外）：

$$\Omega - ABC = \overline{A}BC \cup A\overline{B}C \cup AB\overline{C} \cup \overline{A}\overline{B}C \cup \overline{A}B\overline{C} \cup A\overline{B}\overline{C} \cup \overline{A}\overline{B}\overline{C}$$

或　　　　　　　　　　$\overline{A} \cup \overline{B} \cup \overline{C}$。

练习 2.2

1. 设 A, B, C 为任意 3 个事件，试用它们表示下列事件：

（1）A, B 出现，C 不出现；

（2）A, B, C 中恰有 1 个出现；

（3）A, B, C 中至多有 1 个出现；

（4）A, B, C 中至少有 1 个出现。

2. 袋中有 3 个球编号为 1,2,3，从中任意摸出一球，观察其号码，记 $A = \{$球的号码小于 3$\}$，$B = \{$球的号码为奇数$\}$，$C = \{$球的号码为 3$\}$，试问：

（1）上述试验的样本空间是什么？

（2）A 与 B，A 与 C，B 与 C 是否互不相容？

（3）A, B, C 的对立事件是什么？

（4）A 与 B 的和事件、积事件、差事件各是什么？

3. 设 A, B, C 为 Ω 中的随机事件，试用 A, B, C 表示下列事件：

（1）A 与 B 发生而 C 不发生；　　　　　（2）A 发生，B 与 C 不发生；

（3）恰有 1 个事件发生；　　　　　　　　（4）恰有 2 个事件发生；

(5) 3 个事件都发生；　　　　　　　(6) 至少有 1 个事件发生；

(7) A,B,C 都不发生；　　　　　　(8) A,B,C 不都发生；

(9) A,B,C 不多于 1 个发生；　　　(10) A,B,C 不多于 2 个发生。

4. 在画图形的试验中,判断下列每组事件间的关系：

(1) $A_1 = \{$四边形$\}$, $A_2 = \{$平行四边形$\}$；

(2) $B_1 = \{$三角形$\}$, $B_2 = \{$直角三角形$\}$, $B_3 = \{$非直角三角形$\}$；

(3) $C_1 = \{$直角三角形$\}$, $C_2 = \{$等腰三角形$\}$, $C_3 = \{$等腰直角三角形$\}$。

5. 从一堆产品(其中正品和次品都多于 2 件)中任取 2 件,观察正品件数和次品件数,判断下列每对事件是否是互不相容事件,若是,再判断它们是否是对立事件。

(1) 恰好有 1 件次品和恰好有 2 件次品；

(2) 至少有 1 件次品和全是次品；

(3) 至少有 1 件正品和至少有 1 件次品；

(4) 至少有 1 件次品和全是正品。

6. 从 40 张扑克牌(四种花色从 1 ～ 10 各 10 张)中任取一张,判断下面给出的每对事件是否是互不相容事件或互为对立事件。

(1) "抽出红桃"和"抽出黑桃"；

(2) "抽出红色牌"和"抽出黑色牌"；

(3) "抽出的牌点数为 5 的倍数"和"抽出的牌点数大于 9"。

7. 判断下列各对事件是否是互不相容事件,并说明理由。

某小组有 3 名男生和 2 名女生,从中任选 2 名同学去参加演讲比赛,其中：

(1) 恰有 1 名男生和恰有 2 名男生；

(2) 至少有 1 名男生和至少有 1 名女生；

(3) 至少有 1 名男生和全是男生；

(4) 至少有 1 名男生和全是女生。

2.3　事件的概率

曾经有一则新闻报道:有一位彩民因精通数理统计知识而连续两次中得大奖。该报道一出,各书店的概率统计知识方面的书竟然马上卖断货了。你认为该报道是否属实？

纸箱摸奖游戏：在一密闭箱中有 6 张纸签，其中只有 1 张上面写有"奖品"字样。班上一共 6 名同学来参加这个游戏，但是大家却为摸奖的先后顺序发生了争执，大家都想自己先摸，觉得先摸的人中奖的可能性大些。试问：摸奖的先后顺序是否会影响摸奖游戏的公平性？如果是你，你会选择先摸还是后摸？

这是大家在生活中可能会遇到的问题。今天我们就来学习这些问题的判断方法。

2.3.1　概率的意义

问题　现在有 10 件相同的产品，其中 8 件是正品，2 件是次品。我们要在其中任意抽出 3 件。那么，我们可能会抽到怎样的产品？

可能抽到的产品是：(1)3 件正品；(2)2 正 1 次；(3)1 正 2 次。

我们再仔细观察这 3 种可能情况，还能得到一些什么发现和结论？

对于随机事件，知道它发生的可能性大小是非常重要的，这样能为我们的决策提供关键性的依据。那么如何度量随机事件发生的可能性大小呢？

由于随机事件在一次试验中是否发生不能事先确定，但是在大量重复试验的情况下，它的发生具有一定的规律性，或称随机事件频率的稳定性。下面我们来做抛掷硬币的试验。

表 2-1 列出了抛掷硬币的试验结果，n 为抛掷硬币的次数，m 为硬币正面向上的次数。计算每次试验中"正面向上"这一事件的频率。

表 2-1

试验序号	抛掷的次数 n	正面向上的次数 m	"正面向上"出现的频率
1	500	253	
2	500	251	
3	500	246	
4	500	244	
5	500	258	
6	500	262	
7	500	247	

从表 2-1 中可以看出,"正面向上的次数 m" 稳定在 250 次左右。

1. 频率的定义

在相同的条件 s 下重复 n 次试验,观察某一事件 A 是否出现,称 n 次试验中事件 A 出现的次数 k 为事件 A 出现的频数,称事件 A 出现的比例 $f_n(A)=\dfrac{k}{n}$ 为事件 A 出现的频率。

试计算表 2-1 中"正面向上"出现的频率,并填入表中。

思考

(1) 频率的取值范围是什么?

(2) 必然事件出现的频率是多少?不可能事件出现的频率是多少?

(3) 每次抛硬币之前,你能否确定抛掷结果?

(4) 随着试验次数的增加,频率的值有什么特点?从这次试验中,我们可以得到一些什么启示?

2. 概率的定义

对于给定的随机事件 A,如果随着试验次数的增加,事件 A 发生的频率稳定在某个常数上,则把这个常数称为**事件 A 的概率**,简称为 A 的概率,记作 $P(A)$。

例 1　某质检员从一大批种子中抽取若干组种子,在同一条件下进行发芽试验,有关数据如表 2-2 所示。

表 2-2

种子粒数	25	70	130	700	2000	3000
发芽粒数	24	60	116	639	1806	2713
发芽频率						

(1) 计算各组种子的发芽频率,填入上表;

(2) 根据频率的稳定值估计种子的发芽率。

解　(1) 种子的发芽频率从左到右依次为:0.96,0.86,0.89,0.91,0.90,0.90;

(2) 由(1)知发芽频率逐渐稳定在 0.90,因此可以估计种子的发芽率为 0.90。

思考

（1）事件 A 发生的概率 $P(A)$ 是不是不变的？

（2）概率的取值范围是什么？

（3）概率为 1 的事件是否一定发生？概率为 0 的事件是否一定不发生？为什么？

（4）有人说，既然抛掷一枚硬币出现正面的概率为 0.5，那么连续两次抛掷一枚质地均匀的硬币，一定是一次正面朝上，一次反面朝上，你认为这种想法正确吗？

（5）若某种彩票准备发行 1000 万张，其中有 1 万张可以中奖，则买一张这种彩票的中奖概率是多少？若买 1000 张是否一定会中奖？

2.3.2 概率的古典定义

问题

（1）掷一枚质地均匀的硬币，结果只有 2 个，即"正面朝上"或"反面朝上"，它们都是随机事件；

（2）一个盒子中有 10 个完全相同的球，分别标以号码 $1,2,3,\cdots,10$，从中任取一球，只有 10 种不同的结果，即标号为 $1,2,3,\cdots,10$。

定义 2.5　古典概型的概率计算公式：$P(A) = \dfrac{A\text{包含的基本事件个数}}{\text{总的基本事件个数}}$。

例 2　在两个袋中各装有分别写着数字 $0,1,2,3,4,5$ 的 6 张卡片，今从每个袋中任取 1 张卡片，求取出的两张卡片上数字之和恰为 7 的概率。

解　总的基本事件个数有 $C_6^1 \times C_6^1 = 36$（个）。

记事件 A 是两卡片数字和为 7，有 $(2,5)$、$(3,4)$、$(4,3)$、$(5,2)$ 共 4 种，所以

$$P(A) = \frac{4}{C_6^1 \times C_6^1} = \frac{1}{9}。$$

例 3　从 $0,1,2,\cdots,9$ 这 10 个数字中随机地接连取 5 个数字，方式为每取 1 个记录结果后放回，并按其出现的先后次序排成一排，求下列事件的概率。

（1）$A_1 = \{5$ 个数字排成一个五位数$\}$；

（2）$A_2 = \{5$ 个数字中 0 恰好出现 3 次$\}$；

（3）$A_3 = \{5$ 个数字排成一个五位数的偶数$\}$。

解 总的基本事件个数有 10^5 个。

(1) A_1 中含基本事件有 9×10^4 个，故

$$P(A_1) = \frac{9 \times 10^4}{10^5} = \frac{9}{10};$$

(2) 先选三个位置放"0"，有 C_5^3 种方法，其余两位置非"0"，有 9^2 种方法，所以 A_2 中含基本事件有 $C_5^3 \times 9^2$ 种，从而

$$P(A_2) = \frac{C_5^3 \times 9^2}{10^5} = \frac{81}{10000};$$

(3) 组成五位偶数的方法是万位有 9 种填法，千位、百位和十位均有 10 种填法，个位有 5 种填法，故 A_3 含有基本事件数 $9 \times 10^3 \times 5$ 个，所以

$$P(A_3) = \frac{9 \times 10^3 \times 5}{10^5} = \frac{9}{20}。$$

例 4 设有 n 个人，每个人都等可能地被分配到 N 个房间中的任意 1 间居住 $(n \leqslant N)$，求下列的概率：(1) 指定的 n 个房间各有一个人住；(2) 恰好有 n 个房间，其中各住一个人。

解 (1) 由于每个人都会等可能地被分配到 N 个房间中的任意 1 间居住，所以每人都有 N 种分法，由乘法计数原理知，n 个人共有" N^n "种分配法，对于已指定的 n 个房间，各住 1 人，即 n 个人的全排列，有 $n!$ 种住法，于是指定的 n 个房间各有 1 个人住的概率为

$$P_1 = \frac{n!}{N^n};$$

(2) 恰好有 n 个房间，这 n 个房间可以在 N 个房间中任意选取，有 C_N^n 种选法，对于每种选定的 n 个房间各住 1 人，有 $n!$ 种分配方法，于是恰有 n 个房间其中各住一个人的概率为

$$P_2 = \frac{C_N^n \times n!}{N^n}。$$

练习 2.3

1. 在掷一枚硬币的试验中，共掷了 100 次，"正面向上"的频率为 0.49，则"正面向下"的次数是 _____ 。

2. 北京去年 6 月份共有 7 天为阴雨天气，设阴雨天气为事件 A，则事件 A 出现的频数是 _____ ，事件 A 出现的频率是 _____ 。

3. 将一枚硬币连掷 3 次：出现"2 个正面、1 个反面"的概率是_____；出现"1 个正面、2 个反面"的概率是_____。

4. 一个口袋内有大小相同的 1 个白球和已编有不同号码的 3 个黑球，从中摸出 2 个球：

(1) 共有_____ 种不同的结果；

(2)"摸出 2 个黑球"有_____ 种不同的结果；

(3)"摸出 2 个黑球"的概率是_____。

5. 将一枚质地均匀的骰子先后抛掷 2 次，计算：

(1) 一共有_____ 种不同的结果；

(2)"向上的点数之和是 5"的结果有_____ 种；

(3)"向上的点数之和是 5"的概率是_____。

6. 有 100 张卡片(从 1 号到 100 号)，从中任取 1 张，计算：

(1)"取到卡片号是 7 的倍数"的情况有_____ 种；

(2)"取到卡片号是 7 的倍数"的概率是_____。

7. 某医学院临床医学专业共有 12 个班，要从中选 2 个班代表学校参加某项活动，由于某种原因，(1) 班必须参加，另外再从 (2) 至 (12) 班中选一个班，有人提议用如下方法：掷两个骰子得到的点数和是几，就选几班，你认为这种方法公平吗？为什么？

8. 从 1,2,3,4,5 这 5 个数字中，任意有放回地连续抽取 3 个数字，求下列事件的概率。

(1) 3 个数字完全不同；

(2) 3 个数字中不含 1 和 5；

(3) 3 个数字中 5 恰好出现两次。

9. 一个口袋中装有标着不同号码的 5 个均匀的白球和 3 个均匀的黑球，现从中任取两个球。问：

(1) 取到的全为黑球的概率；

(2) 取到的全为白球的概率；

(3) 取到至少 1 个白球的概率；

(4) 取到至多 1 个白球的概率；

(5) 取到两球同色的概率；

（6）这 6 个事件中概率之间有无什么关系？

10. 设一袋中有编号为 1 ～ 9 的 9 个球，某人从中任取 3 个，试求：

（1）取到 1 号球的概率；

（2）最小号码为 5 的概率；

（3）所取号码从小到大排列，中间一只恰好为 5 的概率；

（4）2 号或 3 号球至少有 1 个没有取到的概率。

11. 第 1 小组有足球票 3 张、篮球票 2 张，第 2 小组有足球票 2 张、篮球票 3 张，甲从第 1 小组的 5 张票和乙从第 2 小组的 5 张票中各任抽 1 张，两人都抽到足球票的概率是多少？

2.4　概率的加法公式与事件的独立性

2.4.1　概率的加法公式

问题　在一个盒中装有 6 个规格完全相同的红、绿、黄三种球，其中红球 3 个，绿球 2 个，黄球 1 个，现从中任取 1 球，求取到红球或绿球的概率。

分析　设 $A = \{$取到红球$\}$，$B = \{$取到绿球$\}$，则事件"取到红球或绿球"为 $A \bigcup B$。不难得到

$$P(A \bigcup B) = \frac{5}{6} = \frac{3}{6} + \frac{2}{6} = P(A) + P(B)。$$

定理 2.1　若事件 A, B 互不相容，则

$$P(A \bigcup B) = P(A) + P(B)。$$

证　事件 A 有 m_1 个样本点，事件 B 有 m_2 个样本点，$A + B$ 则包含 $m_1 + m_2$ 个样本点

$$P(A \bigcup B) = \frac{m_1 + m_2}{n} = \frac{m_1}{n} + \frac{m_2}{n} = P(A) + P(B)。$$

推论 1　若有限个事件 $A_1, A_2, \cdots, A_n$ 互不相容，则

$$P(A_1 \bigcup A_2 \bigcup \cdots \bigcup A_n) = P(A_1) + P(A_2) + \cdots + P(A_n)。$$

推论 2　若事件 $A_1, A_2, \cdots, A_n$ 互不相容，且 $A_1 \bigcup A_2 \bigcup \cdots \bigcup A_n = \Omega$，则

$$P(A_1) + P(A_2) + \cdots + P(A_n) = 1。$$

推论3 对立事件的概率满足 $P(A) = 1 - P(\overline{A})$。

问题 在概率的加法公式中,如果 A,B 不是互斥事件,那么公式是否成立?看下面的例子。

例1 同时抛掷红、蓝两颗质地均匀的骰子,事件 $A = \{$红骰子的点数大于 $3\}$,事件 $B = \{$蓝骰子的点数大于 $3\}$,求事件 $A \cup B = \{$至少有一颗骰子的点数大于 $3\}$ 发生的概率。

解 显然,事件 A 与事件 B 不是互斥事件,事件 $A \cap B$ 的样本点为 $(4,4)$, $(4,5),(4,6),(5,4),(5,5),(5,6),(6,4),(6,5),(6,6)$,共 9 个。

Ω 中的样本点总个数为 $6 \times 6 = 36$ 个,A 中的样本点个数为 18 个,B 中的样本点个数为 18 个,$A \cup B$ 中样本点个数为 27 个,所以 $P(A \cup B) = \dfrac{27}{36} = \dfrac{3}{4}$。

在本例中,因为 $A \cup B \neq \varnothing$,所以 $P(A \cup B) \neq P(A) + P(B)$。

我们在古典概型的情况下推导概率的一般加法公式。

设 A 与 B 是 Ω 的两个事件,容易看出 $A \cup B$ 中基本事件的个数等于 A 中基本事件的个数加上 B 中基本事件的个数减去 $A \cap B$ 中基本事件的个数。所以

$$P(A \cup B) = \frac{A \cup B \text{中基本事件的个数}}{\Omega \text{中基本事件的总数}}$$

$$= \frac{A \text{中基本事件的个数} + B \text{中基本事件的个数} - A \cap B \text{中基本事件的个数}}{\Omega \text{中基本事件的总数}},$$

即

$$P(A \cup B) = P(A) + P(B) - P(A \cap B)。$$

定理 2.2 设 A,B 为任意两个事件,则 $P(A \cup B) = P(A) + P(B) - P(A \cap B)$。

说明:加法公式可推广到有限个事件的情形。

例如,若 A,B,C 为任意 3 个事件,则

$$P(A \cup B \cup C) = P(A) + P(B) + P(C) - P(AB) -$$
$$P(AC) - P(BC) + P(ABC)。$$

例2 袋中装有 2 个红球,3 个白球,4 个黑球,从中每次任取 1 个,并放回,连取 2 次,求:

(1) 取得的 2 球中无红球的概率;

(2) 取得的 2 球中无白球的概率；

(3) 取得的 2 球中无红球或无白球的概率。

解 设事件 $A = \{$无红球$\}$，事件 $B = \{$无白球$\}$，则

(1) $P(A) = \dfrac{7^2}{9^2} = \dfrac{49}{81}$；

(2) $P(B) = \dfrac{6^2}{9^2} = \dfrac{4}{9}$；

(3) $P(A \bigcup B) = P(A) + P(B) - P(AB) = \dfrac{49}{81} + \dfrac{36}{81} - \dfrac{16}{81} = \dfrac{69}{81}$。

例 3 一盒化学试样共有 20 支，放置一段时间后发现，其中有 6 支澄明度较差，有 5 支标记已不清楚，有 4 支澄明度和标记都不合要求。现从中随意取出 1 支，求这一支无任何上述问题的概率。

解 记事件 $A = \{$澄明度较差$\}$，事件 $B = \{$标记不清$\}$，则

$$P(A) = \frac{6}{20} = 0.3, P(B) = \frac{5}{20} = 0.25, P(AB) = \frac{4}{20} = 0.2,$$

所求概率为 $P(\overline{A}\,\overline{B})$。

因为 $\overline{A}\,\overline{B} = \overline{A+B}$，所以

$$P(\overline{A}\,\overline{B}) = P(\overline{A \bigcup B}) = 1 - P(A \bigcup B),$$

而

$$P(A \bigcup B) = P(A) + P(B) - P(AB) = 0.35,$$

故

$$P(\overline{A}\,\overline{B}) = 1 - P(A \bigcup B) = 1 - 0.35 = 0.65。$$

2.4.2 事件的独立性

设甲袋中装有大小相同且标有不同号码的 2 个红球和 3 个白球，乙袋中装有大小相同且标有不同号码的 4 个黑球和 2 个黄球，记事件 $A = \{$从甲袋中抽取的 2 球为白球$\}$，事件 $B = \{$从乙袋抽取的 2 球中至少有 1 个黑球$\}$，则 A，B 两事件的发生与否互不影响。

定义 2.6 如果事件 A 发生与否不影响事件 B 的发生，则称**事件 A 与事件 B 相互独立**。

性质 1 如果 A 与 B 相互独立，则 A 与 $\overline{B}$，$\overline{A}$ 与 B，$\overline{A}$ 与 $\overline{B}$ 都是相互独立的。

定理 2.3 两个事件 A，B 独立的充要条件是它们的积事件的概率等于其

各自概率的积,即

$$P(AB) = P(A)P(B)。$$

思考　$\Omega, \varnothing$ 与任何事件 A 相互独立吗?为什么?

例 4　某系统由甲、乙两个元件串联组成,在一次运行中每个元件失效的概率分别为 0.1 和 0.2,试求在一次运行中该系统失效的概率。

解　设事件 $A = \{$甲失效$\}$,事件 $B = \{$乙失效$\}$,事件 $C = \{$系统失效$\}$。A 与 B 相互独立,所以

$$\begin{aligned}
P(C) &= P(A \cup B) = P(A) + P(B) - P(AB) \\
&= P(A) + P(B) - P(A)P(B) \\
&= 0.1 + 0.2 - 0.1 \times 0.2 \\
&= 0.28。
\end{aligned}$$

例 5　如图 2-1 所示,设开关 A,B,C 开或闭是等可能的,试求灯亮的概率。

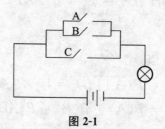

图 2-1

解　令事件 $M = \{$灯亮$\}$,事件 A,B,C 分别表示开关闭合,则 $M = A \cup B \cup C$,故

$$P(M) = P(A \cup B \cup C)$$

$$= P(A) + P(B) + P(C) - P(AB) - P(AC) - P(BC) + P(ABC),$$

又因

$$P(A) = P(B) = P(C) = \frac{1}{2},$$

$$P(AB) = P(BC) = P(AC) = \frac{1}{4},$$

$$P(ABC) = \frac{1}{8},$$

所以

$$P(M) = 3 \times \frac{1}{2} - 3 \times \frac{1}{4} + \frac{1}{8} = \frac{7}{8}。$$

例 6　根据表 2-3 考察色盲与耳聋两种病之间是否有联系。

表 2-3

	聋(A)	非聋($\overline{A}$)	合计
色盲(B)	0.0004	0.0796	0.0800
非色盲($\overline{B}$)	0.0046	0.9154	0.9200
合计	0.0050	0.9950	1.0000

解　$P(A) = 0.0050, P(B) = 0.0800$, 因为

$$P(AB) = P(A)P(B) = 0.0050 \times 0.0800 = 0.0004,$$

所以耳聋与色盲是相互独立的两种病。

例 7　已知某人群的妇女中, 有 4% 得过乳腺癌, 有 20% 是吸烟者, 而又吸烟又患上乳腺癌的占 3%, 问不吸烟又患上乳腺癌的占多少? 吸烟与患乳腺癌是否有关联?

解　记事件 $A = \{$一名妇女有乳腺癌$\}$, 事件 $B = \{$一名妇女是吸烟者$\}$, 则已知

$$P(A) = 0.04, P(B) = 0.20, P(AB) = 0.03,$$

所以

$$P(A\overline{B}) = P(A) - P(AB) = 0.04 - 0.03 = 0.01,$$

故不吸烟又患上乳腺癌的占 1%。

由 $P(AB) = 0.03 \neq 0.08 = P(A)P(B)$, 则两者不是相互独立的, 也就是两者有关系。

思考　三个臭皮匠顶个诸葛亮一定成立吗? 你能用今天学到的知识举例说明吗?

练习 2.4

1. 若事件 A 与事件 B 相互独立, 则事件 ＿＿＿＿ 、 ＿＿＿＿ 、 ＿＿＿＿ 也是相互独立的事件。

2. 某战士射击一次(环数均为整数)。

(1) 若事件 $A = \{$中靶$\}$ 的概率为 0.95,则 $\overline{A}$ 的概率是_____;

(2) 若事件 $B = \{$中靶环数大于 $5\}$ 的概率为 0.7,那么事件 $C = \{$中靶环数小于 $6\}$ 的概率为_____。

3. 某医生去外地参加研讨会,他乘火车、轮船、汽车、飞机去的概率分别为 0.3、0.2、0.1、0.4,则

(1) 他乘火车或乘飞机去的概率为_____;

(2) 他不乘轮船去的概率为_____。

4. 一个电路板上装有甲、乙两根熔丝,甲熔断的概率为 0.85,乙熔断的概率为 0.74,两根同时熔断的概率为 0.63,至少有一根熔断的概率是_____。

5. 某药店经理根据以往经验知道,有 40% 的客户在结账时会使用医保卡,则连续 3 位顾客都使用医保卡的概率是_____。

6. 某班组织学生参加营养师和按摩师两个培训班的学习,全班共 45 人,其中 15 人参加按摩师培训,18 人参加营养师培训,而两个培训班都参加的有 6 人。在该班中任意抽取 1 人,则这个人参加培训班的概率是_____。

7. 甲、乙、丙 3 人射击,命中目标的概率分别为 $\dfrac{1}{2},\dfrac{1}{4},\dfrac{1}{12}$,现在 3 人射击 1 个目标各 1 次,求目标被击中的概率。

8. 3 个同学同时做一解剖实验,成功的概率分别为 P_1,P_2,P_3,求在 3 人中恰有 2 人实验成功的概率。

9. 在 2018 年校春季运动会上,甲、乙、丙、丁 4 名同学代表医学院参加 4×100 米接力赛,求甲跑第一棒或乙跑第四棒的概率。

10. 甲、乙两名同学同时到一家三甲医院应聘,若甲、乙被聘用的概率分别为 0.5、0.6,两人被聘用是相互独立的,则甲、乙两人中最多有一人被聘用的概率是多少?

11. 从 1 到 100 这 100 个整数中任取一个数,试求取到的数能被 5 或 9 整除的概率。

12. 一个家庭有 3 个小孩儿。设事件 $A = \{$至多 1 个女孩儿$\}$,事件 $B = \{$男女都有$\}$,A 与 B 相互独立吗?若将已知条件改为两个小孩,A 与 B 相互独立吗?

2.5　条件概率与乘法公式

问题　假定男、女的出生率相等,现考察有两个孩子的家庭,求

(1) 至少有 1 个女孩的概率;

(2) 老大是女孩的概率;

(3) 已知两个孩子中至少有 1 个女孩,求老大是女孩的概率。

解　记 $A = \{$至少有 1 个女孩$\}$,$B = \{$老大是女孩$\}$,基本事件总数为
"(男,男),(男,女),(女,男),(女,女)"共 4 个,从而

(1) $P(A) = \dfrac{3}{4}$;

(2) $P(B) = \dfrac{2}{4} = \dfrac{1}{2}$;

(3) 因为已知至少有 1 个女孩儿,所以基本事件总数为事件 A 所包含的
基本事件"(男,女)、(女,男)、(女,女)"共 3 个,其中事件 B 包含 2 个,故所求
概率为 $\dfrac{2}{3}$。

2.5.1　条件概率

定义 2.7　在事件 A 发生的前提下事件 B 发生的概率称为**条件概率**,记
作 $P(B \mid A)$。

定理 2.4　在事件 A 发生的前提下,事件 B 发生的条件概率等于事件 A
与 B 同时发生的概率与事件 A 发生的概率之比,即 $P(B \mid A) = \dfrac{P(AB)}{P(A)}$。

例 1　表 2-4 是逝者分属各年龄组的概率,试求一个 60 岁以上者,但逝世
时年龄未超过 70 岁的概率。

表 2-4

年龄	(0,10]	…	(60,70]	(70,80]	> 80	合计
死亡概率(%)	3.23	…	18.21	27.28	33.58	100

解　记 A = {死亡年龄超过 60 岁}，B = {逝世时年龄未超过 70 岁}，所求概率为 $P(B \mid A)$。

由表知

$$P(AB) = 18.21\%,$$

$$P(A) = 18.21\% + 27.28\% + 33.58\% = 79.07\%,$$

所以　　　　　　$P(B \mid A) = \dfrac{P(AB)}{P(A)} = \dfrac{18.21\%}{79.07\%} = 23.03\%。$

例 2　设 100 件电子血压计中，有 70 件一等品，25 件二等品，规定一、二等品为合格品。从中任取 1 件；(1) 求取得一等品的概率；(2) 已知取得的是合格品，求它是一等品的概率。

解　设事件 A 表示取得一等品，事件 B 表示取得合格品，则

(1) 因为 100 件产品中有 70 件一等品，所以

$$P(A) = \frac{70}{100} = 0.7。$$

(2) 方法 1：因为 95 件合格品中有 70 件一等品，所以

$$P(A \mid B) = \frac{70}{95} = 0.7368。$$

方法 2：$P(A \mid B) = \dfrac{P(AB)}{P(B)} = \dfrac{\dfrac{70}{100}}{\dfrac{95}{100}} = 0.7368。$

例 3　设药店有"感冒灵"10 盒，其中有 3 盒已过期，若每次任取 1 盒做不放回抽样，求第一次取到过期的药品后第二次再取到过期的药品的概率。

解法 1　设事件 B = {第一次取到过期药品}，事件 A = {第二次取到过期药品}，则 AB = {第一次和第二次都取到过期药品}，显然

$$P(B) = \frac{3}{10}, P(AB) = \frac{3 \times 2}{10 \times 9} = \frac{1}{15},$$

所以

$$P(A \mid B) = \frac{P(AB)}{P(B)} = \frac{\dfrac{1}{15}}{\dfrac{3}{10}} = \frac{2}{9}。$$

解法 2　原先的样本空间为 3 盒过期的、7 盒未过期的，第一次取走 1 盒过

期的药品后,缩减的样本空间中只有 2 盒过期的、7 盒未过期,因此

$$P(A \mid B) = \frac{2}{9}。$$

推论 1　$P(A \mid B) = \dfrac{\text{事件 } AB \text{ 中基本事件个数}}{\text{事件 } B \text{ 中基本事件个数}}。$

概率 $P(A \mid B)$ 与 $P(AB)$ 的联系与区别:

(1) 联系:事件 A,B 都发生了。

(2) 区别:① 在 $P(A \mid B)$ 中,事件 A,B 发生有时间上的差异,B 先 A 后;在 $P(AB)$ 中,事件 A,B 同时发生;② 样本空间不同,在 $P(A \mid B)$ 中,事件 B 成为样本空间;在 $P(AB)$ 中,样本空间仍为原样本空间 Ω。

因而有

$$P(A \mid B) \geqslant P(AB)。$$

2.5.2　乘法公式

由条件概率 $P(B \mid A) = \dfrac{P(AB)}{P(A)}(P(A) > 0)$ 可推得乘法公式为

$$P(AB) = P(B \mid A)P(A),$$

对称地,有

$$P(AB) = P(A \mid B)P(B) \ (P(B) > 0)。$$

推广一:设 A_1,A_2,A_3 为事件,且 $P(A_1A_2) > 0$,则有

$$P(A_1A_2A_3) = P((A_1A_2)A_3) = P(A_1A_2)P(A_3 \mid A_1A_2)$$
$$= P(A_1)P(A_2 \mid A_1)P(A_3 \mid A_1A_2)。$$

可进一步推广,有:

推广二:设 $A_1,A_2,A_3,\cdots,A_n$ 为 n 事件,$n \geqslant 2$,且 $P(A_1A_2\cdots A_{n-1}) > 0$,则有

$$P(A_1A_2A_3\cdots A_n) = P(A_1)P(A_2 \mid A_1)P(A_3 \mid A_1A_2) \times \cdots$$
$$\times P(A_{n-1} \mid A_1A_2\cdots A_{n-2})P(A_n \mid A_1A_2\cdots A_{n-1})。$$

例 4　第一个袋中有黑、白球各 2 个,第二个袋中有黑、白球各 3 个。先从第一个袋中任取 1 球放入第二个袋中,再从第二个袋中任取 1 球。求第一、二次均取到白球的概率。

解　记 $A_i = \{$第 i 次取到白球$\}$,$i = (1,2)$ 则

$$P(A_1) = \frac{1}{2}, P(A_2 \mid A_1) = \frac{4}{7},$$

由乘法公式有

$$P(A_1 A_2) = P(A_1)P(A_2 \mid A_1) = \frac{1}{2} \times \frac{4}{7} = \frac{2}{7}。$$

例5　某种疾病能导致心肌受损害,若第一次患该病,则心肌受损害的概率为 0.3,第一次患病心肌未受损害而第二次再患该病时,心肌受损害的概率为 0.6,试求某人患病两次心肌未受损害的概率。

解　设 $A_1 = \{$第一次患病心肌受损害$\}$,$A_2 = \{$第二次患病心肌未受损害$\}$,由题设可知

$$P(A_1) = 0.3, P(A_2 \mid \overline{A_1}) = 0.6,$$

所求概率为 $P(\overline{A_1}\,\overline{A_2})$。

$$P(\overline{A_1}) = 1 - P(A_1) = 0.7,$$

$$P(\overline{A_2} \mid \overline{A_1}) = 1 - P(A_2 \mid \overline{A_1}) = 0.4,$$

所以

$$P(\overline{A_1}\,\overline{A_2}) = P(\overline{A_1})P(\overline{A_2} \mid \overline{A_1}) = 0.7 \times 0.4 = 0.28。$$

例6　猎手在距猎物 10 米处开枪,击中概率为 0.6。若击不中,待开第二枪时猎物已逃至 30 米远处,此时击中概率为 0.25,若再击不中,则猎物已逃至 50 米远处,此时只有 0.1 的击中概率。求猎手三枪内击中猎物的概率。

解　记 $A_i = \{$第 i 枪击中猎物$\}$,$i = 1,2,3$,则所求概率

$$\begin{aligned} P(A_1 \bigcup A_2 \bigcup A_3) &= 1 - P\,\overline{(A_1 \bigcup A_2 \bigcup A_3)} = 1 - P(\overline{A_1}\overline{A_2}\overline{A_3}) \\ &= 1 - P(\overline{A_1})P(\overline{A_2} \mid \overline{A_1})P(\overline{A_3} \mid \overline{A_1}\overline{A_2}) \\ &= 1 - (1-0.6) \times (1-0.25) \times (1-0.1) \\ &= 0.73。 \end{aligned}$$

练习 2.5

1. 已知 $P(B \mid A) = \frac{1}{3}$,$P(A) = \frac{2}{5}$,$P(AB) = $ _____。

2. 一个盒子里有 20 个大小形状相同的小球,其中 5 个红的,5 个黄的,10 个绿的,从盒子中任取 1 球,若它不是红球,则它是绿球的概率是 _____。

3. 根据历年气象统计资料，某地 4 月份吹东风的概率为 $\frac{9}{30}$，下雨的概率为 $\frac{11}{30}$，既吹东风又下雨的概率为 $\frac{8}{30}$，则在吹东风的条件下下雨的概率为_____。

4. 一个家庭中有两个小孩。假定生男、生女是等可能的，已知这个家庭有一个是女孩，则这时另一个小孩是男孩的概率是_____。

5. 已知 $P(A)=\frac{1}{4},P(B\mid A)=\frac{1}{3},P(A\mid B)=\frac{1}{2}$，则 $P(A\bigcup B)$ _____。

6. 同时抛掷红、黄两颗质地均匀的骰子，当红色骰子的点数为 4 或 6 时，两颗骰子的点数之积大于 20 的概率是_____。

7. 在 10 个形状大小均相同的球中有 6 个红球和 4 个白球，不放回地依次摸出 2 个球。在第 1 次摸出红球的条件下，第 2 次也摸到红球的概率是_____。

8. 假设一批产品中一、二、三等品各占 70%、20%、10%，从中任取一件，已知不是二等品，则此产品是一等品的概率为多大？

9. 全年级 100 名学生中，有男生（用事件 A 表示）80 人，女生 20 人；来自北京的（用事件 B 表示）20 人中，男生 12 人，女生 8 人；免修英语的（用事件 C 表示）40 人中，有 32 名男生，8 名女生。求：
$P(A),P(B),P(A\mid B),P(B\mid A),P(AB),P(C),P(C\mid A),P(AC),P(\overline{A}\mid\overline{B})$。

10. 某种动物出生之后活到 20 岁的概率为 0.7，活到 25 岁的概率为 0.56，求现年为 20 岁的这种动物活到 25 岁的概率。

11. 甲、乙二人共同射击同一目标，甲的命中率为 0.7，乙的命中率为 0.4。已知射击结果是只中一枪，则这一枪是乙射中的概率是多少？

2.6　全概率公式和贝叶斯公式

问题　甲盒有 3 个白球，2 个红球，乙盒有 4 个白球，1 个红球。现从甲盒中任取 2 球放入乙盒，再从乙盒中任取 2 球，求从乙盒中取出 2 个红球的概率。影响从乙盒中取 2 个红球概率的关键因素是什么？

解　设 $A_1 = \{$从甲盒取出 2 个红球$\}$；$A_2 = \{$从甲盒取出 2 个白球$\}$；

$A_3 = \{$从甲盒取出 1 个白球和 1 个红球$\}$；$B = \{$从乙盒取出 2 个红球$\}$；

则 A_1, A_2, A_3 两两互斥，且 $A_1 \bigcup A_2 \bigcup A_3 = \Omega$，所以

$$B = \Omega B = (A_1 \bigcup A_2 \bigcup A_3)B = A_1 B \bigcup A_2 B \bigcup A_3 B,$$

$$P(B) = P((A_1 \bigcup A_2 \bigcup A_3)B) = P(A_1 B \bigcup A_2 B \bigcup A_3 B)$$

$$= P(A_1 B) + P(A_2 B) + P(A_3 B)$$

$$= P(A_1)P(B \mid A_1) + P(A_2)P(B \mid A_2) + P(A_3)P(B \mid A_3)$$

$$= \frac{C_2^2}{C_5^2} \times \frac{C_3^2}{C_7^2} + \frac{C_3^2}{C_5^2} \times \frac{0}{C_7^2} + \frac{C_2^1 C_3^1}{C_5^2} \times \frac{C_2^2}{C_7^2}$$

$$= \frac{3}{70}°$$

思考　这种解法可否一般化?

2.6.1　全概率公式

1. 完备事件组（样本空间的一个划分）

定义 2.8　设事件 $A_1, A_2, \cdots, A_n$ 为样本空间 Ω 的一组事件，如果

(1) $A_i A_j = \varnothing (i \neq j)$；

(2) $\bigcup\limits_{i=1}^{n} A_i = \Omega$。

则称 $A_1, A_2, \cdots, A_n$ 为**样本空间 Ω 的一个划分**。

例如前例中的 $A_1 = \{$从甲盒取出 2 个红球$\}$，$A_2 = \{$从甲盒取出 2 个白球$\}$，$A_3 = \{$从甲盒取出 1 个白球和 1 个红球$\}$ 就构成了一个完备事件组。

定理 2.5　设试验 E 的样本空间为 Ω，事件 $A_1, A_2, \cdots, A_n$ 为样本空间 Ω 的一个划分，且 $P(A_i) > 0 (i = 1, 2, \cdots, n)$，则对任意事件 B，有

$$P(B) = \sum_{i=1}^{n} P(A_i)P(B \mid A_i)。$$

证明　因为

$$A_i A_j = \varnothing (i \neq j), \bigcup\limits_{i=1}^{n} A_i = \Omega, A_i B \bigcap A_j B = \varnothing \qquad (i \neq j),$$

按概率的可加性及乘法公式有

$$B = \Omega B = (\bigcup\limits_{i=1}^{n} A_i)B = (A_1 B \bigcup A_2 B \bigcup \cdots \bigcup A_n B)$$

$$P(B) = P(\bigcup_{i=1}^{n} A_i B) = \sum_{i=1}^{n} P(A_i B) = \sum_{i=1}^{n} P(A_i) P(B \mid A_i)。$$

例 1 设袋中有 12 个乒乓球,9 个新球,3 个旧球。第一次比赛取 3 个球,比赛后放回,第二次比赛再任取 3 个球,求第二次比赛取得 3 个新球的概率。

解 设事件

$$A_i = \{第一次比赛恰取出 i 个新球\} \quad (i = 0,1,2,3);$$
$$B = \{第二次比赛取得 3 个新球\}。$$

显然 A_0, A_1, A_2, A_3 构成一个完备事件组,由全概率公式得

$$P(B) = \sum_{i=0}^{3} P(A_i) P(B \mid A_i)$$

$$= \frac{C_3^3}{C_{12}^3} \frac{C_9^3}{C_{12}^3} + \frac{C_9^1 C_3^2}{C_{12}^3} \frac{C_8^3}{C_{12}^3} + \frac{C_9^2 C_3^1}{C_{12}^3} \frac{C_7^3}{C_{12}^3} + \frac{C_9^3 C_3^0}{C_{12}^3} \frac{C_6^3}{C_{12}^3}$$

$$= \frac{1}{220} \times \frac{84}{220} + \frac{27}{220} \times \frac{56}{220} + \frac{108}{220} \times \frac{35}{220} + \frac{84}{220} \times \frac{20}{220}$$

$$= \left(\frac{21}{55}\right)^2。$$

例 2 播种用的一等小麦种子中混有 2% 的二等种子,1.5% 的三等种子,1% 的四等种子,用一等、二等、三等、四等种子长出的穗含 50 颗以上麦粒的概率分别为 0.5、0.15、0.1、0.05,求这批种子所结的穗含有 50 颗以上麦粒的概率。

解 设从这批种子中任选一颗是一等、二等、三等、四等种子的事件分别为 B_1、B_2、B_3、B_4,则它们构成样本空间的一个划分。

用事件 A_1 表示"在这批种子中任选一颗且这颗种子所结的穗含 50 粒以上麦粒",则由全概率公式

$$P(A) = \sum_{i=1}^{4} P(B_i) P(A \mid B_i)$$

$$= 95.5\% \times 0.5 + 2\% \times 0.15 + 1.5\% \times 0.1 + 1\% \times 0.05$$

$$= 0.4825。$$

例 3 有朋自远方来。朋友乘火车、轮船、汽车、飞机来的概率分别为0.3,0.2,0.1,0.4,迟到的概率分别为 0.25,0.3,0.1,0。求他迟到的概率。

解 设 $A_1 = \{他乘火车来\}$,$A_2 = \{他乘轮船来\}$,$A_3 = \{他乘汽车来\}$,

$A_4 = \{$他乘飞机来$\}, B = \{$他迟到$\}$。易见 A_1, A_2, A_3, A_4 构成一个完备事件组,由全概率公式得

$$P(B) = \sum_{i=1}^{4} P(A_i) P(B \mid A_i)$$

$$= 0.3 \times 0.25 + 0.2 \times 0.3 + 0.1 \times 0.1 + 0.4 \times 0$$

$$= 0.145。$$

2.6.2 贝叶斯公式

问题 设甲盒有 3 个白球、2 个红球,乙盒有 4 个白球、1 个红球,现从甲盒任取 2 个球放入乙盒中,再从乙盒中任取 2 个球,求

(1) 从乙盒中取出 2 个红球的概率;

(2) 已知从乙盒中取出了 2 个红球,求从甲盒中取出 2 个红球的概率。

解 (1) 设事件 $A_1 = \{$从甲盒取出 2 个红球$\}$,事件 $A_2 = \{$从甲盒取出 2 个白球$\}$,事件 $A_3 = \{$从甲盒取出 1 个白球和 1 个红球$\}$,事件 $B = \{$从乙盒取出 2 个红球$\}$,则 A_1, A_2, A_3 两两互斥,且 $A_1 \bigcup A_2 \bigcup A_3 = \Omega$,所以

$$P(B) = P(A_1) P(B \mid A_1) + P(A_2) P(B \mid A_2) + P(A_3) P(B \mid A_3)$$

$$= \frac{C_2^2}{C_5^2} \times \frac{C_3^2}{C_7^2} + \frac{C_3^2}{C_5^2} \times \frac{0}{C_7^2} + \frac{C_3^1 C_2^1}{C_5^2} \times \frac{C_2^2}{C_7^2}$$

$$= \frac{3}{70};$$

(2) $P(A_1 \mid B) = \dfrac{P(A_1 B)}{P(B)} = \dfrac{P(A_1) P(B \mid A_1)}{\sum\limits_{i=1}^{3} P(A_i) P(B \mid A_i)} = \dfrac{\frac{1}{70}}{\frac{3}{70}} = \dfrac{1}{3}$。

定理 2.6 设 $A_1, A_2, \cdots, A_n$ 是样本空间 Ω 的一个划分,且 $P(A_i) > 0 (i = 1, 2, \cdots, n)$,则对于任何一事件 $B(P(B) > 0)$,有

$$P(A_j \mid B) = \frac{P(A_j) P(B \mid A_j)}{\sum\limits_{i=1}^{n} P(A_i) P(B \mid A_i)} = \frac{P(A_j) P(B \mid A_j)}{P(B)}, (j = 1, 2, \cdots, n)。$$

例 4 对以往数据分析的结果表明,当机器调整良好时,产品的合格率为 90%,而当机器发生某一故障时,其合格率为 30%。每天早上机器开动时,机器调整良好的概率为 75%,试求某日早上第一件产品是合格时,机器调整良

好的概率。

解　设事件 $A_1 = \{机器调整良好\}$，事件 $A_2 = \{机器发生故障\}$，事件 $B = \{产品合格\}$。

已知
$$P(A_1) = 0.75, P(A_2) = 0.25;$$
$$P(B \mid A_1) = 0.9, P(B \mid A_2) = 0.3。$$

需要求的概率为 $P(A_1 \mid B)$。由贝叶斯公式

$$P(A_1 \mid B) = \frac{P(A_1)P(B \mid A_1)}{P(A_1)P(B \mid A_1) + P(A_2)P(B \mid A_2)}$$

$$= \frac{0.75 \times 0.9}{0.75 \times 0.9 + 0.25 \times 0.3}$$

$$= 0.9。$$

$P(A_1), P(A_2)$ 通常称为验前概率，$P(A_1 \mid B), P(A_2 \mid B)$ 通常称为验后概率。

例 5　某医院对某种疾病有一种很有效的检验方法，97% 的患者检验结果为阳性，95% 的未患病者检验结果为阴性，设该病的发病率为 0.4%。现有某人的检验结果为阳性，问他确实患病的概率是多少？

解　记事件 $B = \{检验结果是阳性\}$，事件 $\overline{B} = \{检验结果是阴性\}$，事件 $A = \{患有该病\}$，事件 $\overline{A} = \{未患该病\}$。由题意得
$$P(A) = 0.04, P(\overline{A}) = 0.996,$$
$$P(B \mid A) = 0.97, P(\overline{B} \mid \overline{A}) = 0.95,$$

得到
$$P(B \mid \overline{A}) = 1 - P(\overline{B} \mid \overline{A}) = 1 - 0.95 = 0.05。$$

由贝叶斯公式得

$$P(A \mid B) = \frac{P(A)P(B \mid A)}{P(A)P(B \mid A) + P(\overline{A})P(B \mid \overline{A})}$$

$$= \frac{0.004 \times 0.97}{0.004 \times 0.97 + 0.996 \times 0.05}$$

$$= 0.072。$$

例 6　一学生接连参加概率统计基础课程的两次考试，第一次及格的概

率为 p,若第一次及格则第二次及格的概率也为 p,第一次不及格则第二次及格的概率为 $\dfrac{p}{2}$。已知他第二次已经及格,求他第一次及格的概率。

解 记事件 $A_i = \{$该学生第 i 次考试及格$\}$,$i = 1,2$。显然事件 $A_1, \overline{A_1}$ 为样本空间的一个划分,且已知

$$P(A_1) = p,\ P(A_2 \mid A_1) = p,\ P(\overline{A_1}) = 1 - p,\ P(A_2 \mid \overline{A_1}) = \frac{p}{2},$$

于是,由全概率公式得

$$P(A_2) = P(A_1)P(A_2 \mid A_1) + P(\overline{A_1})P(A_2 \mid \overline{A_1}) = \frac{p}{2}(1 + p),$$

由贝叶斯公式得

$$P(A_1 \mid A_2) = \frac{P(A_1)P(A_2 \mid A_1)}{P(A_2)} = \frac{2p}{1 + p}。$$

思考 在伊索寓言《狼来了》中,当小孩第三次叫"狼来了"的时候,没有人再相信他,你能用贝叶斯公式解释一下为什么吗?

练习 2.6

1. 某保险公司将被保险人分为 3 类:"谨慎的"、"一般的"、"冒失的"。统计资料表明,这 3 种人在一年内发生事故的概率依次为 0.05、0.15、0.30;如果"谨慎的"被保险人占 20%,"一般的"占 50%,"冒失的"占 30%,一个被保险人在一年内发生事故的概率是多大?

2. 小王要去外地出差几天,家里有一盆花交给邻居帮忙照顾。若已知如果几天内邻居记得浇水,花存活的概率为 0.8,如果几天内邻居忘记浇水,花存活的概率为 0.3,假设小王对邻居不了解,即可以认为他记得和忘记浇水的概率均为 0.5,求:几天后他回来花还活着的概率。

3. 某小组有 20 名射手,其中一、二、三、四级射手分别有 2,6,9,3 名。又若选一、二、三、四级射手参加比赛,则在比赛中射中目标的概率分别为 0.85,0.64,0.45,0.32,今随机选一人参加比赛,试求该小组在比赛中射中目标的概率。

4. 设某工厂有两个车间生产同型号家用电器,第一车间的次品率为 0.15,第二车间的次品率为 0.12,两个车间的成品都混合堆放在一个仓库,假

设第一、二车间生产的成品比例为 2∶3,今有一客户从成品仓库中随机提一台产品,求该产品合格的概率。

5. 两个一模一样的碗,一号碗有 30 颗水果糖和 10 颗巧克力糖,二号碗有水果糖和巧克力糖各 20 颗。现在随机选择一个碗,从中摸出一颗糖,发现是水果糖。请问这颗水果糖来自一号碗的概率有多大?

习题 2

一、选择题。

1. 掷一枚硬币,反面向上的概率是 $\frac{1}{2}$,若连续抛掷同一枚硬币 10 次,则有(　　)。

A. 一定有 5 次反面向上　　　　　　　　B. 一定有 6 次反面向上

C. 一定有 4 次反面向上　　　　　　　　D. 可能有 5 次反面向上

2. 从存放号码分别为 1,2,…,10 的卡片的盒子中有放回地取 100 次,每次取一张卡片并记下号码,统计结果如表 2-5 所示。

表 2-5

卡片号码	1	2	3	4	5	6	7	8	9	10
取到的次数	10	11	8	8	6	10	18	9	11	9

则取到号码为奇数的频率是(　　)。

A. 0.53　　　　　　B. 0.5　　　　　　C. 0.47　　　　　　D. 0.37

3. 一个口袋内装有大小相等的 2 个白球和 2 个黑球,并且它们都编有不同的号码,从中摸出 2 个球,则摸出 1 个白球、1 个黑球的概率为(　　)。

A. $\frac{2}{3}$　　　　　　B. $\frac{1}{2}$　　　　　　C. $\frac{1}{4}$　　　　　　D. $\frac{1}{6}$

4. 在 100 张奖券中,有 4 张有奖,从中任抽 2 张,则 2 张都中奖的概率是(　　)。

A. $\frac{1}{50}$　　　　　　B. $\frac{1}{25}$　　　　　　C. $\frac{1}{825}$　　　　　　D. $\frac{1}{4950}$

5. 盒中有 1 个黑球、9 个白球，它们除颜色不同外，其他方面没有什么差别。现由 10 个人依次摸出 1 个球，设第 1 个人摸出的 1 个球是黑球的概率为 p_1，第 10 个人摸出黑球的概率为 p_{10}，则（　　　）（前面的人摸出球的颜色保密）。

A. $p_{10} = \dfrac{1}{10} p_1$　　　　　　　　　　B. $p_{10} = \dfrac{1}{9} p_1$

C. $p_{10} = 0$　　　　　　　　　　　　　D. $p_{10} = p_1$

6. 10 个人站成一排，其中甲、乙、丙 3 人恰巧都不相邻的概率为（　　　）。

A. $\dfrac{7}{15}$　　　　　　B. $\dfrac{8}{15}$　　　　　　C. $\dfrac{1}{120}$　　　　　　D. $\dfrac{7}{30}$

7. 从 1，2，…，9 这 9 个数中，随机抽取 3 个不同的数，则这 3 个数的和为偶数的概率是（　　　）。

A. $\dfrac{5}{9}$　　　　　　B. $\dfrac{4}{9}$　　　　　　C. $\dfrac{11}{21}$　　　　　　D. $\dfrac{10}{21}$

8. 从数字 1，2，3，4，5 中任取 2 个不同的数字构成一个两位数，则这个两位数大于 40 的概率为（　　　）。

A. $\dfrac{1}{5}$　　　　　　B. $\dfrac{2}{5}$　　　　　　C. $\dfrac{3}{5}$　　　　　　D. $\dfrac{4}{5}$

9. 袋中有 10 个球，其中 7 个是红球，3 个是白球，任意取出 3 个，这 3 个都是红球的概率是（　　　）。

A. $\dfrac{1}{120}$　　　　　　B. $\dfrac{7}{24}$　　　　　　C. $\dfrac{7}{10}$　　　　　　D. $\dfrac{3}{7}$

10. 设两个独立事件 A 和 B 都不发生的概率为 $\dfrac{1}{9}$，A 发生 B 不发生的概率与 B 发生 A 不发生的概率相同，则事件 A 发生的概率 $P(A)$ 是（　　　）。

A. $\dfrac{2}{3}$　　　　　　B. $\dfrac{1}{3}$　　　　　　C. $\dfrac{1}{9}$　　　　　　D. $\dfrac{1}{18}$

二、填空题。

1. n 个同学随机地坐成一排，其中甲、乙坐在一起的概率为＿＿＿＿＿＿。

2. 福娃是 2008 年北京奥运会的吉祥物，每组福娃都由"贝贝""晶晶""欢欢""迎迎"和"妮妮"这 5 个福娃组成，甲、乙两人随机地从一组 5 个福娃中选取一个留作纪念。按甲先选乙后选的顺序不放回地选择，则在他俩选择的福娃中,"贝贝"和"晶晶"一只也没有被选中的概率是_____。

3. 1 号箱中有 2 个白球和 4 个红球,2 号箱中有 5 个白球和 3 个红球,现随机地从 1 号箱中取出 1 个球放入 2 号箱,然后从 2 号箱随机取出 1 球,问:

(1) 从 1 号箱中取出的是红球的条件下,从 2 号箱取出红球的概率是_____;

(2) 从 2 号箱取出红球的概率是_____。

4. 某射手在一次射击训练中,射中 10 环、9 环、8 环、7 环的概率分别为 0.21、0.23、0.25、0.28,计算该射手在一次射击中:

(1) 射中 10 环或 9 环的概率是_____;

(2) 少于 7 环的概率是_____。

5. 从 1～100 这 100 个整数中任取一数,已知取出的是不大于 50 的数,则它是 23 的倍数的概率是_____。

6. 盒中有 25 个球,其中 10 个白的、5 个黄的、10 个黑的。从盒子中任意取出 1 个球,已知它不是黑球,它是黄球的概率是_____。

7. 某城市有 50% 住户订日报,有 65% 住户订晚报,有 85% 住户至少订这两种报纸中的一种,同时订这两种报纸的住户的百分比是_____。

8. 设 A,B 为两个事件,若 $P(A)=0.4$,$P(A\bigcup B)=0.7$,$P(B)=x$,试求满足下列条件的 x 的值:

(1) A 与 B 为互斥事件,则 x 的值是_____;

(2) A 与 B 为独立事件,则 x 的值是_____。

9. 某篮球爱好者,做投篮练习,假设其每次投篮命中的概率是 40%,那么在连续 3 次投篮中,恰有 2 次投中的概率是_____。

10. 甲、乙两同学下棋,两人下成和棋的概率为 $\frac{1}{2}$,乙获胜的概率是 $\frac{1}{3}$,则乙不输的概率是_____,甲获胜的概率是_____,甲不输的概率是_____。

三、解答题。

1. 甲、乙、丙 3 位同学完成 6 道数学自测题,他们及格的概率依次为 $\frac{4}{5}$、$\frac{3}{5}$、$\frac{7}{10}$,求:

（1）3 人中有且只有 2 人及格的概率；

（2）3 人中至少有 1 人不及格的概率。

2. 假设有 5 个条件类似的女孩儿，把她们分别记为 A，B，C，D，E。她们应聘某医院的护士工作，但该医院只有 3 个护士职位，因此 5 人中仅有 3 人被录用。如果 5 人被录用的机会相等，分别计算下列事件发生的概率：

（1）女孩 D 得到 1 个职位；

（2）女孩 D 和 E 各自得到 1 个职位；

（3）女孩 D 或 E 得到 1 个职位。

3. 一盒中装有 6 副听诊器，其中 3 副一等品、2 副二等品和 1 副三等品，从中任取 3 副，求下列事件发生的概率：

（1）恰有 1 副一等品；

（2）恰有 2 副一等品；

（3）没有三等品。

4. 某个药物研究所正在测试一种新抗癌药物的疗效，有 500 名志愿者服用此药，结果如表 2-6 所示。

表 2-6

治疗效果	治愈	效果显著	无效
人数	274	93	133

如果另有一癌症患者服用此药，估计下列事件发生的概率。

（1）此人的疾病被治好；

（2）此人的病情有好转但没有被治愈；

（3）此人的病情仍在继续恶化。

5. 鞋柜里有 3 双不同的鞋，随机地取出 2 只，试求下列事件发生的概率，并说明它们的关系：

（1）取出的鞋不成对；

（2）取出的鞋都是右脚的；

（3）取出的鞋都是同一只脚的；

（4）取出的鞋一只是左脚的，一只是右脚的，但它们不成对。

6. 据以往资料显示,某一三口之家患病的概率有以下规律:$P\{孩子得病\}=0.6,P\{母亲得病\mid 孩子得病\}=0.5,P\{父亲得病\mid 母亲和孩子都得病\}=0.4$,求母亲和孩子都得病但父亲未得病的概率。

7. 已知某种疾病的发病率是 0.001,即 1000 人中会有 1 个人得病。现有一种试剂可以检验患者是否得病,它的准确率是 0.99,即在患者确实得病的情况下,它有 99% 的可能呈现阳性。它的误报率是 5%,即在患者没有得病的情况下,它有 5% 的可能呈现阳性。现有 1 个病人的检验结果为阳性,请问他确实得病的可能性有多大?

8. 设某公路上经过的货车与客车的数量之比为 2∶1,货车中途停车修理的概率为 0.02,客车中途停车修理的概率为 0.01,今有一辆汽车中途停车修理,求该汽车是货车的概率。

第 3 章　离散型随机变量的概率分布与数字特征

在随机试验中,人们除对某些特定事件发生的概率感兴趣外,往往还关心某个与随机试验的结果相联系的变量。由于这一变量的取值依赖于随机试验结果,因而被称为随机变量。与普通的变量不同,对于随机变量,人们无法事先预知其确切取值,但可以研究其取值的统计规律性。本章将介绍随机变量及描述离散型随机变量统计规律性的分布。

3.1　随机变量的概念

在随机现象中,试验的结果是可以数量化的。

例 1　盒中有 3 个黑球和 2 个白球,从中随机抽取 3 个,考虑取得的白球数。抽取的白球数有 3 个可能结果:0,1 或 2,对于不同次的抽取,其结果可能不同。为此引入一个变量 ξ,用 ξ 表示"抽取的白球数",该变量的不同取值表达不同的随机事件,如:

$\{\xi = 0\}$ 表示"抽取的 3 个球中无白球";

$\{\xi = 1\}$ 表示"抽取的 3 个球中有 1 个白球";

$\{\xi \leqslant 2\}$ 表示"抽取的 3 个球中至多有 2 个白球"。

定义 3.1　如果随机试验的每一个基本事件都可以用变量 ξ 的一个取值来表示,则称这个变量 ξ 为随机变量。

通常我们用希腊字母 ξ, η, γ 或大写字母 X, Y, Z 表示随机变量。

例 2　抛掷一枚硬币,试验的结果为"出现正面"和"出现反面",引入变量 ξ,

$$\xi = \begin{cases} 0, \text{出现正面}, \\ 1, \text{出现反面}。 \end{cases}$$

则 ξ 为随机变量,$\{\xi = 0\}, \{\xi = 1\}$ 便是随机事件。

例 3　在 24 小时内,电话总机接到的呼叫次数 ξ 是一个随机变量,它可取一切非负整数 $0,1,2,3,4,\cdots$ 同时,随机变量 ξ 取不同的值就表示不同的随机事件,例如 $\{\xi=0\}$,$\{\xi=10\}$,$\{5\leqslant\xi\leqslant200\}$ 等表示不同的随机事件。

例 4　在一批灯泡中任意抽取 1 只,测试其寿命,那么灯泡的寿命 ξ(单位:h) 是一个随机变量,显然 ξ 的一切可能取的值是非负实数值,即 $\xi\in[0,+\infty]$,$\{\xi=1200\}$,$\{\xi\leqslant5000\}$,$\{\xi>1500\}$ 等都是随机事件。

例 5　一粒玉米种子播下地后,只可能出现"出苗"与"不出苗"两种情况。"出苗"即"1 粒出苗";"不出苗"即"0 粒出苗"。用变量 ξ 来表示试验的两种结果,令 $\xi=0$ 表示"不出苗";$\xi=1$ 表示"出苗"。它们的概率分别为 $P\{\xi=1\}=p$,$P\{\xi=0\}=1-p=q$(其中 p 是种子出苗的概率,q 是种子不出苗的概率,且 $p+q=1$)。

在实际生活中常用的变量有两类。

(1) 离散型随机变量:这类随机变量的主要特征是它可能的取值是有限个或可数(像自然数那样可依次列出) 无限多个。如例 1,2,3,5 的随机变量都是离散型的。

(2) 连续性随机变量:这类随机变量的主要特征是它可能的取值充满某个区间,如例 4 中的随机变量是连续性的。

练习 3.1

写出下列各随机变量可能的取值,并说明是什么类型的随机变量:

1. 投掷一枚骰子,出现的点数 X。

2. 一天内,进入某商场的人数 Y。

3. 在超市,等候付款所用的时间 Z。

4. 汽车在十字路口,遇到信号灯的情况 X。

5. 某人在一次射击中命中的环数 Y。

6. 三峡水库的最高库水位是 175 米,三峡水库的水位 Y。

7. 某林场内最高树的高度为 30 米,这个林场里树木的高度 Z。

8. 2020 年奥运会上我国取得的金牌数 X。

9. 易建联投篮 10 次投中的次数 Z。

10. 10 件产品中,含有 4 件次品,从中任取 2 件,其中次品的个数 X。

3.2 离散型随机变量的分布列

对于一个离散型随机变量来说,我们不仅要知道它取哪些值,更重要的是要知道它取各个值的概率分别有多大,这样才能对这个离散型随机变量有较深入的了解。比如:在射击问题里,我们只有知道命中环数为 $0,1,2,\cdots,10$ 的概率分别是多少,才能了解选手的射击水平有多高。

下面是某一选手在一段时间里的成绩,如表 3-1 所示。

表 3-1

命中环数 X	0	1	2	3	4	5	6	7	8	9	10
P	0	0	0.01	0.02	0.02	0.02	0.06	0.09	0.28	0.29	0.22

通过表格,使我们对选手的射击水平有了一个比较全面的了解。

定义 3.2 设离散型随机变量 ξ 可能取得值为 $x_1,x_2,\cdots,x_n,\cdots,\xi$ 取每一个值 $x_i(i=1,2,\cdots)$ 的概率为 $P\{\xi=x_i\}=p_i$,则称表 3-2 为随机变量 ξ 的**概率分布**,简称 ξ 的**分布列**。

表 3-2

ξ	x_1	x_2	$\cdots$	x_i	$\cdots$
P	P_1	P_2	$\cdots$	P_i	$\cdots$

分布列有下列性质:

(1) $p_k>0$;

(2) $p_1+p_2+\cdots+p_n+\cdots=1$。

由于事件 $\{X=x_1\},\{X=x_2\},\cdots,\{X=x_n\}$ 互不相容,$x_1,x_2,\cdots,x_n,\cdots$ 是全部可能取值。所以

$$P\{X=x_1\}+P\{X=x_2\}+\cdots+P\{X=x_n\}+\cdots=P(\Omega),$$
$$p_1+p_2+\cdots+p_n+\cdots=1。$$

例 1   掷一枚质地均匀的骰子,记 X 为出现的点数,求 X 的分布列。

解   随机变量 X 的全部可能取值为 $1,2,3,4,5,6$,且

$$P\{X=k\}=\frac{1}{6}\quad(k=1,2,3,4,5,6),$$

则 X 的分布列如表 3-3 所示。

表 3-3

X	1	2	3	4	5	6
P	$\frac{1}{6}$	$\frac{1}{6}$	$\frac{1}{6}$	$\frac{1}{6}$	$\frac{1}{6}$	$\frac{1}{6}$

注意   在求离散型随机变量的分布列时,首先要找出其所有可能的取值,然后再求出每个值相应的概率。

例 2   袋子中有 5 个同样大小的球,编号为 $1,2,3,4,5$。从中同时取出 3 个球,记 X 为取出的球的最大编号,求 X 的分布列。

解 X 的取值为 $3,4,5$,由古典概型的概率计算方法,得

$$P\{X=3\}=\frac{1}{C_5^3}=\frac{1}{10}(三个球的编号为1,2,3);$$

$$P\{X=4\}=\frac{C_3^2}{C_5^3}=\frac{3}{10}(有一球编号为4,从1,2,3中任取2个的组合与数$$

字 4 搭配成 3 个);

$$P(X=5)=\frac{C_4^2}{C_5^3}=\frac{6}{10}(有一球编号为5,另两个球的编号小于5);$$

则 X 的分布列如表 3-4 所示。

表 3-4

X	3	4	5
P	0.1	0.3	0.6

例 3   若 X 的分布列为

表 3-5

X	0	1	2	3	4
P	0.1	0.2	0.2	0.3	0.2

求 $P\{X<2\}, P\{X\leqslant 2\}, P\{X\geqslant 3\}, P\{X>4\}$。

解　$P\{X<2\} = P\{X=0\} + P\{X=1\} = 0.1 + 0.2 = 0.3$,

$P\{X\leqslant 2\} = P\{X=0\} + P\{X=1\} + P\{X=2\}$

$\qquad\qquad = 0.1 + 0.2 + 0.2 = 0.5$,

$P\{X\geqslant 3\} = P\{X=3\} + P\{X=4\} = 0.3 + 0.2 = 0.5$,

$P\{X>4\} = 0$。

例 4　在掷一枚图钉的随机试验中,如果针尖向上的概率为 p,试写出随机变量 X 的分布列,其中

$$X = \begin{cases} 1, & \text{针尖向上}, \\ 0, & \text{针尖向下}。 \end{cases}$$

解　根据分布列的性质,针尖向下的概率是 $1-p$。于是,随机变量 X 的分布列如表 3-6 所示。

表 3-6

X	0	1
P	$1-p$	p

像上面这样的分布列称为**两点分布列**。

两点分布列的应用非常广泛,如抽取的彩券是否中奖,买回的一件产品是否为正品,新生婴儿的性别,投篮是否命中等,都可以用两点分布列来研究。如果随机变量 X 的分布列为两点分布列,就称 X 服从**两点分布**,而称 $p = P(X=1)$ 为成功概率。

两点分布又称 0-1 分布。由于只有两个可能结果的随机试验叫伯努利(Bernoulli)试验,所以还称两点分布为伯努利分布,即

$$P\{\xi=0\} = q, P\{\xi=1\} = p, 0<p<1, p+q=1。$$

例 5　一批产品有 1000 件,其中有 50 件次品,从中任取 1 件,用 $\{X=0\}$

表示取到次品,$\{X=1\}$ 表示取到正品,请写出 X 的分布列。

解

$$P\{X=0\}=\frac{50}{1000}=0.05,$$

$$P\{X=1\}=\frac{950}{1000}=0.95,$$

所以随机变量 X 的分布列如表 3-7 所示。

表 3-7

X	0	1
P	0.05	0.95

例 6　某同学进行投篮训练,每次投中的概率为 0.4,假设他连续投篮 5 次,设 X 为投中的次数,写出 X 的分布列。

解　随机变量 X 的取值为 $0,1,2,3,4,5$,则

$$P\{X=0\}=C_5^0 0.4^0\times 0.6^5,$$
$$P\{X=1\}=C_5^1 0.4\times 0.6^4,$$
$$\cdots\cdots\cdots\cdots$$
$$P\{X=5\}=C_5^5 0.4^5\times 0.6^0,$$

即 $P\{X=k\}=C_5^k 0.4^k\times 0.6^{5-k}(k=0,1,2,3,4,5)$。

若随机变量 X 的可能取值为 $0,1,\cdots,n$,而 X 的分布列为

$$P_k=P\{X=k\}=C_n^k p^k q^{n-k},k=1,2,\cdots,n,$$

其中 $0<p<1,p+q=1$,则称 X 服从参数为 n,p 的**二项分布**,简记为 $X\sim B(n,p)$。

二项分布是一种常用分布,如一批产品的不合格率为 p,检查 n 件产品,n 件产品中不合格产品数 X 服从二项分布;调查 n 个人,n 个人中的色盲人数 Y 服从参数为 n,p 的二项分布,其中 p 为色盲率;n 部机器独立运转,每台机器出故障的概率为 p,则 n 部机器中出故障的机器数 Z 服从二项分布;在射击问题中,射击 n 次,每次命中率为 p,则命中枪数 X 服从二项分布。

例 7　某特效药的临床有效率为 0.95,今有 6 人服用,写出治愈人数 X 的分布列,并求出至少有 2 人被治愈的概率。

解 治愈人数 X 的取值为 $0,1,2,3,4,5,6$，则

$$P\{X=0\}=C_6^0 0.95^0 \times 0.05^6,$$

$$P\{X=1\}=C_6^1 0.95^1 \times 0.05^5,$$

....

$$P\{X=6\}=C_6^6 0.95^6 \times 0.05^0,$$

即 $X \sim B(6,0.95)$。

设至少有 2 人被治愈为事件 A，则 A 的对立事件为至多有 1 人被治愈，所以

$$P(A)=1-P\{X=0\}-P\{X=1\}$$

$$=1-C_6^0 0.95^0 \times 0.05^6 - C_6^1 0.95^1 \times 0.05^5。$$

练习 3.2

1. 设离散型随机变量 ξ 的概率分布如表 3-8 所示，则 a 的值为 _____。

表 3-8

X	1	2	3	4
P	$\frac{1}{6}$	$\frac{1}{3}$	$\frac{1}{6}$	a

2. 已知随机变量 ξ 的分布列如表 3-9 所示。

表 3-9

ξ	0	1	2	3	4
P	0.1	0.2	0.4	0.1	x

则 $x=$ _____ ，$P\{2 \leqslant \xi \leqslant 4\}=$ _____。

3. 设随机变量 ξ 的分布列为 $P\{\xi=k\}=\dfrac{k}{15}(k=1,2,3,4,5)$，则 $P\left\{\dfrac{1}{2}<\xi<\dfrac{5}{2}\right\}=$ _____。

4. 某一射手射击所得的环数 ξ 的分布列如表 3-10 所示。

表 3-10

ξ	4	5	6	7	8	9	10
P	0.02	0.04	0.06	0.09	0.28	0.29	0.22

则此射手"射击一次命中环数不小于7"的概率为_____。

5. 设某运动员投篮投中的概率为 $P = 0.3$,则一次投篮时投中次数的分布列是_____。

6. 一盒中有 12 个乒乓球,其中 9 个新的,3 个旧的,从盒中任取 3 个球来用,用完后装回盒中,此时盒中旧球个数 X 是一个随机变量,求 $P\{X = 4\}$ 的值。

7. 一袋中装有不同编号的 6 只白球和 4 只红球,从中任取 3 只球,用 X 表示"取到的白球个数",试写出 X 的分布列。

8. 某市准备从 7 名报名者(其中男 4 人,女 3 人)中选 3 人参加 3 个副局长职务竞选。设所选 3 人中女副局长人数为 X,求 X 的分布列。

9. 一个盒子里装有 7 张卡片,其中有红色卡片 4 张,编号分别为 1,2,3,4;白色卡片 3 张,编号分别为 2,3,4。从盒子中任取 4 张卡片(假设取到任何一张卡片的可能性相同)。

(1) 求取出的 4 张卡片中,含有编号为 3 的卡片的概率;

(2) 在取出的 4 张卡片中,红色卡片编号的最大值设为 X,求随机变量 X 的分布列。

10. 在一次购物抽奖活动中,假设某 10 张奖券中有一等奖券 1 张,可获价值 50 元的奖品;有二等奖券 3 张,每张可获价值 10 元的奖品;其余 6 张没有奖。某顾客从此 10 张奖券中任抽 2 张。

(1) 求该顾客中奖的概率;

(2) 求该顾客获得的奖品总价值 X(元) 的概率分布列。

3.3   离散型随机变量的分布函数

我们将随机变量 X 看成数轴上一个随机点的坐标,则

$P\{X \leqslant 1\}$ 与 1 对应,如图 3-1 所示。

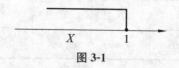

图 3-1

$P\{X \leqslant 2\}$ 与 2 对应,如图 3-2 所示。

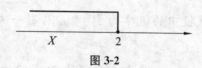

图 3-2

$P\{X \leqslant x\}$ 与 x 对应,如图 3-3 所示。

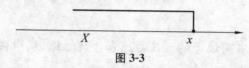

图 3-3

从而,$P\{X \leqslant x\}$ 为 x 的函数。

定义 3.3　若对 $\forall x \in \mathbf{R}$,有 $F(x) = P\{X \leqslant x\}$,则称 $F(x)$ 为随机变量 X 的分布函数。

注

(1) 分布函数的含义:分布函数 $F(a)$ 的值等于 X 的取值落入区间 $(-\infty, a]$ 内的概率值。

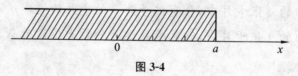

图 3-4

(2) 分布函数的定义域为:$\mathbf{R}$,值域为:$[0, 1]$。

(3) 引进分布函数 $F(x)$ 后,事件的概率可以用 $F(x)$ 的函数值来表示,例如:

① $P\{X \leqslant b\} = F\{b\}$;

② $P(a < X \leqslant b) = P\{X \leqslant b\} - P\{X \leqslant a\} = F(b) - F(a)$;

③ $P\{X > b\} = 1 - P\{X \leqslant b\} = 1 - F(b)$。

例 1　设离散型随机变量的 X 分布列如表 3-11 所示,求 X 的分布函数 $F(x)$。

表 3-11

X	−1	0	2
P	0.3	0.2	0.5

解　(1) 当 $x < -1$ 时，$F(x) = P\{X \leqslant x\} = F(x) = 0$;

(2) 当 $-1 \leqslant x < 0$ 时，$F(x) = P\{X \leqslant x\} = 0.3$;

(3) 当 $0 \leqslant x < 2$ 时，$F(x) = P\{X \leqslant x\} = 0.3 + 0.2 = 0.5$;

(4) 当 $x \geqslant 2$ 时，$F(x) = P\{X \leqslant x\} = 0.3 + 0.2 + 0.5 = 1$。

所以离散型随机变量 X 的分布函数为

$$F(x) = \begin{cases} 0, & x(-\infty, -1), \\ 0.3, & x \in [-1, 0), \\ 0.5, & x \in [0, 2), \\ 1, & x \in [2, +\infty)。 \end{cases}$$

设离散型随机变量 X 的分布列是

$$P\{X = x_k\} = p_k, k = 1, 2, 3, \cdots,$$

则离散型随机变量 X 的分布函数为

$$F(x) = P\{X \leqslant x\} = \sum_{x \leqslant x_k} p_k,$$

即 $F(x)$ 是 X 取 $\leqslant x$ 的诸值 x_k 的概率之和。

例 2　将一枚硬币连续抛掷 3 次，X 表示"3 次中正面朝上的次数"，求 X 的分布列与分布函数，并求下列概率 $P\{1 < X < 3\}$，$P\{X \geqslant 5.5\}$，$P\{1 < X \leqslant 3\}$。

解　设 H 表示正面朝上，T 表示反面朝上，则样本空间表示如下：

$$\Omega = \{HHH, HHT, HTH, THH, HTT, THT, TTH, TTT\},$$

所以

$$P\{X = 0\} = \frac{1}{8}, P\{X = 1\} = P\{X = 2\} = \frac{3}{8}, P\{X = 3\} = \frac{1}{8},$$

从而 X 的分布列如表 3-12 所示。

表 3-12

X	0	1	2	3
P	$\frac{1}{8}$	$\frac{3}{8}$	$\frac{3}{8}$	$\frac{1}{8}$

随机变量的 X 分布函数为

$$F(x) = \begin{cases} 0, & x < 0, \\ \dfrac{1}{8}, & 0 \leqslant x < 1, \\ \dfrac{1}{2}, & 1 \leqslant x < 2, \\ \dfrac{7}{8}, & 2 \leqslant x < 3, \\ 1, & x \geqslant 3。 \end{cases}$$

由 X 的分布列得

$$P\{1 < X < 3\} = P\{X = 2\} = \frac{3}{8}, P\{X \geqslant 5.5\} = 0,$$

$$P\{1 < X \leqslant 3\} = P\{X = 2\} + P\{X = 3\} = \frac{1}{2}。$$

想一想 若已知离散型随机变量的 X 分布函数为

$$F(x) = \begin{cases} 0, & x < 0, \\ 0.5, & 0 \leqslant x < 1, \\ 1, & x \geqslant 1, \end{cases}$$

该如何写出它的分布列呢？

练习 3.3

1. 将一颗骰子抛掷两次,以 X 表示两次所得点数之和,写出 X 的分布列,并求出分布函数。

2. 设 X 服从 (0-1) 分布,其分布列为 $P\{X = k\} = p^k (1-p)^{1-k}, k = 0, 1$,求 X 的分布函数。

3. 设随机变量 X 的分布列如表 3-13 所示。

表 3-13

X	−2	−1	0	1	2
P	a	$3a$	$\dfrac{1}{8}$	a	$2a$

求：(1) 常数 a，$P\{X<1\}$，$P\{-2<X\leqslant0\}$，$P\{X\geqslant2\}$；(2) 写出 X 的分布函数。

4. 设在 15 只同类型零件中有 2 只是次品，在其中取 3 次，每次任取 1 只（不放回），以 X 表示取出次品的只数，求 X 的分布函数。

5. 已知离散型随机变量 X 的分布函数为

$$F(x)=\begin{cases} 0, & x<1, \\ 0.1, & 1\leqslant x<2, \\ 0.5, & 2\leqslant x<3, \\ 0.7, & 3\leqslant x<4, \\ 1, & x\geqslant4, \end{cases}$$

写出 X 的分布列，并计算下列概率：

$P\{X<-1\}$，$P\{0\leqslant X<2\}$，$P\{0\leqslant X\leqslant2\}$，$P\{3<X<4\}$，$P\{X\geqslant5\}$。

3.4　离散型随机变量的期望

设有 12 个西瓜，其中 4 个重 5 kg，3 个重 6 kg，5 个重 7 kg。

问题 1　任取 1 个西瓜，用 X 表示这个西瓜的重量，试想 X 可以取哪些值？

问题 2　写出 X 的分布列。

问题 3　试想每个西瓜的平均重量该如何求？

3.4.1　离散型随机变量期望的定义

设一个离散型随机变量 X 的分布列如表 3-14 所示。

表 3-14

X	x_1	x_2	x_3	...	x_n
P	p_1	p_2	p_3	...	p_n

则

$$E(X) = x_1 p_1 + x_2 p_2 + x_3 p_3 + \cdots + x_n p_n$$

叫作这个离散型随机变量 X 的**均值**或**数学期望**（简称**期望**），它刻画了离散型随机变量 X 的平均取值水平。

例1 盒中装有 5 节同牌号的五号电池，其中混有 2 节废电池。现在无放回地每次取 1 节电池检验，直到取到好电池为止，求抽取次数 X 的分布列及期望。

分析 明确 X 的取值，并计算出相应的概率，列出分布列后再计算期望。

解 X 可取的值为 $1, 2, 3$，则

$$P\{X = 1\} = \frac{3}{5},$$

$$P\{X = 2\} = \frac{2}{5} \times \frac{3}{4} = \frac{3}{10},$$

$$P\{X = 3\} = \frac{2}{5} \times \frac{1}{4} \times 1 = \frac{1}{10}.$$

抽取次数 X 的分布列如表 3-15 所示。

表 3-15

X	1	2	3
P	0.6	0.3	0.1

$$E(X) = 1 \times 0.6 + 2 \times 0.3 + 3 \times 0.1 = 1.5.$$

求离散型随机变量的期望的步骤如下：

(1) 理解随机变量 X 的意义，写出 X 可能取得的全部值；

(2) 求 X 取每个值的概率；

(3) 写出 X 的分布列；

(4) 由期望的定义求出 $E(X)$。

例2 篮球运动员在比赛中每次罚球命中得 1 分，罚不中得 0 分。已知某运动员罚球命中的概率为 0.7，则他罚球 1 次的得分 X 的均值是多少？

解 由题意知得分 X 的分布列如表 3-16 所示。

表 3-16

X	0	1
P	0.3	0.7

所以得分 X 的期望 $E(X)=0\times0.3+1\times0.7=0.7$。

一般地，如果随机变量 X 服从两点分布，如表 3-17 所示，则 $E(X)=P$。

表 3-17

X	0	1
P	$1-p$	p

例 3　篮球运动员在比赛中每次罚球命中得 1 分，罚不中得 0 分。已知某运动员罚球命中的概率为 0.7，他连续罚球 3 次。

(1) 求他得到的分数 X 的分布列；

(2) 求 X 的期望。

解　(1) $X\sim B(3,0.7)$，如表 3-18 所示。

表 3-18

X	0	1	2	3
P	$C_3^0\times0.3^3$	$C_3^1\times0.7\times0.3^2$	$C_3^2\times0.7^2\times0.3$	$C_3^3\times0.7^3$

(2) $E(X)=0+C_3^1\times0.7\times0.3^2\times1+C_3^2\times0.7^2\times0.3\times2+C_3^3\times0.7^3\times3$
$=2.1,$

$E(X)=2.1=3\times0.7$。

一般地，如果随机变量 X 服从二项分布，即 $X\sim B(n,p)$，则 $E(X)=np$。

例 4　两名战士在一次射击比赛中，战士甲得 1 分、2 分、3 分的概率分别为 0.4、0.1、0.5；战士乙得 1 分、2 分、3 分的概率分别为 0.1、0.6、0.3，那么两名战士获胜希望较大的是谁？

解　设这次射击比赛战士甲得 X_1 分，战士乙得 X_2 分，则分布列分别如表 3-19 和表 3-20 所示。

表 3-19			
X_1	1	2	3
P	0.4	0.1	0.5

表 3-20			
X_2	1	2	3
P	0.1	0.6	0.3

根据均值公式,得

$$E(X_1) = 1 \times 0.4 + 2 \times 0.1 + 3 \times 0.5 = 2.1,$$
$$E(X_2) = 1 \times 0.1 + 2 \times 0.6 + 3 \times 0.3 = 2.2,$$
$$E(X_1) < E(X_2),$$

故这次射击比赛中战士乙得分的均值较大,所以乙获胜希望大。

随机变量的期望反映的是离散型随机变量取值的平均水平。在实际问题的决策中,往往把期望最大的方案作为最佳方案进行选择。

例5 受轿车在保修期内维修费等因素的影响,企业生产每辆轿车的利润与该轿车首次出现故障的时间有关。某轿车制造厂生产甲、乙两种品牌轿车,保修期均为2年,现从该厂已售出的两种品牌轿车中各随机抽取50辆,统计数据如表3-21所示。

表 3-21

品牌	甲			乙	
首次出现故障的时间 x(年)	$0 < x \leqslant 1$	$1 < x \leqslant 2$	$x > 2$	$0 < x \leqslant 2$	$x > 2$
首次出现故障的轿车数量(辆)	2	3	45	5	45
每辆利润(万元)	1	2	3	1.8	2.9

将频率视为概率,解答下列问题:

(1) 从该厂生产的甲品牌轿车中随机抽取1辆,求其首次出现故障发生在保修期内的概率;

(2) 若该厂生产的轿车均能售出,记生产一辆甲品牌轿车的利润为 X_1,生产一辆乙品牌轿车的利润为 X_2,分别求 X_1,X_2 的分布列;

(3) 该厂预计今后这两种品牌轿车的销量相当,由于资金限制,只能生产其中一种品牌的轿车。若从经济效益的角度考虑,你认为应生产哪种品牌的轿车?说明理由。

分析 对(1)、(2)根据表中的数据利用古典概型概率公式求概率和分布列。对(3)分别求出 X_1,X_2 的期望,比较大小,做出判断。

解　(1)设"甲品牌轿车首次出现故障发生在保修期内"为事件 A,则

$$P(A) = \frac{2+3}{50} = \frac{1}{10};$$

(2)依题意得,X_1 的分布列如表 3-22 所示。

表 3-22

X_1	1	2	3
P	$\frac{1}{25}$	$\frac{3}{50}$	$\frac{9}{10}$

X_2 的分布列如表 3-23 所示。

表 3-23

X_2	1.8	2.9
P	$\frac{1}{10}$	$\frac{9}{10}$

(3)由(2)得,

$$E(X_1) = 1\times\frac{1}{25} + 2\times\frac{3}{50} + 3\times\frac{9}{10} = \frac{143}{50} = 2.86(万元),$$

$$E(X_2) = 1.8\times\frac{1}{10} + 2.9\times\frac{9}{10} = 2.79(万元),$$

因为 $E(X_1) > E(X_2)$,所以应生产甲品牌轿车。

例 6　随机抛掷一个骰子,设所得骰子的点数为 X,将所得点数的 2 倍加 1 作为得分数 Y,即 $Y = 2X+1$,试求 Y 的期望。

解　由题意得 X 的分布列如表 3-24 所示。

表 3-24

X	1	2	3	4	5	6
P	$\frac{1}{6}$	$\frac{1}{6}$	$\frac{1}{6}$	$\frac{1}{6}$	$\frac{1}{6}$	$\frac{1}{6}$

所以 Y 的分布列如表 3-25 所示。

表 3-25

Y	3	5	7	9	11	13
P	$\dfrac{1}{6}$	$\dfrac{1}{6}$	$\dfrac{1}{6}$	$\dfrac{1}{6}$	$\dfrac{1}{6}$	$\dfrac{1}{6}$

从而

$$E(Y) = 3 \times \frac{1}{6} + 5 \times \frac{1}{6} + 7 \times \frac{1}{6} + 9 \times \frac{1}{6} + 11 \times \frac{1}{6} + 13 \times \frac{1}{6} = 8。$$

思考　X 的分布列与 Y 的分布列有何联系?

3.4.2　离散型随机变量数学期望的性质

(1) $E(c) = c(c$ 为常数);

(2) $E(aX + b) = aE(X) + b(a, b$ 为常数)。

练习 3.4

1. 随机变量 X 的分布列如表 3-26 所示。

表 3-26

X	1	3	5
P	0.5	0.3	0.2

(1) 则 $E(X) = $ _____;

(2) 若 $Y = 2X + 1$,则 $E(Y) = $ _____。

2. 若随机变量 ξ 的分布列如表 3-27 所示,则 $E(\xi)$ 的值为 _____。

表 3-27

ξ	0	1	2	3	4	5
P	$2x$	$3x$	$7x$	$2x$	$3x$	x

3. 已知某一随机变量 X 的概率分布列如表 3-28 所示,且 $E(X) = 6.3$,则 a 的值为 _____。

表 3-28

X	4	a	9
P	0.5	0.1	b

4. 已知 X 的分布列如表 3-29 所示,且 $Y = aX + 3$,$E(Y) = \dfrac{7}{3}$,则 a 的值为_____。

表 3-29

X	-1	0	1
P	$\dfrac{1}{2}$	$\dfrac{1}{3}$	$\dfrac{1}{6}$

5. 随机变量 $X \sim B\left(n, \dfrac{2}{3}\right)$,已知 X 的均值 $E(X) = 2$,则 $P\{X = 3\} =$

_____。

6. 甲,乙两人赌技相同,各押赌注 32 个金币,规定先胜 3 局者为胜,赌博进行了一段时间,甲已胜 2 局,乙胜 1 局,发生意外,赌博中断。问两人该如何分配这 64 个金币?

7. 某商场要将单价分别为 18 元 /kg,24 元 /kg,36 元 /kg 的 3 种糖果按 3：2：1 的比例混合销售,为使经济收益最大化,如何对混合糖果进行定价才合理?

8. 统计资料表明,每年端午节商场内促销活动可获利 2 万元；商场外促销活动如不遇下雨可获利 10 万元；如遇下雨则会损失 4 万元。若气象预报今年端午节下雨的概率为 40%,则商场应选择哪种促销方式,可保证获利最多?

9. 某游戏射击场规定：① 每次游戏射击 5 发子弹；②5 发全部命中奖励 40 元,命中 4 发不奖励,也不必付款,命中 3 发或 3 发以下,应付款 2 元。现有一游客,其命中率为 0.5。

(1) 求该游客在一次游戏中 5 发全部命中的概率；

(2) 求该游客在一次游戏中获得奖金的均值。

10. 一次单元测验由 20 道选择题构成,每道选择题有 4 个选项,其中仅有一个选项正确。每题选对得 5 分,不选或选错不得分,满分 100 分。学生甲选对任一题的概率为 0.9,学生乙则在测验中对每题都从各选项中随机地选择一个。分别求学生甲和学生乙在这次测验中的成绩的均值。

11. 甲、乙、丙、丁 4 人参加一家公司的招聘面试。公司规定面试合格者可签约。甲、乙面试合格就签约;丙、丁面试都合格则一同签约,否则 2 人都不签约。设每人面试合格的概率都是 $\frac{2}{3}$,且面试是否合格互不影响。求:

(1) 至少有 3 人面试合格的概率;

(2) 恰有 2 人签约的概率;

(3) 签约人数的数学期望。

12. 为了某项大型活动能够安全进行,警方从武警训练基地挑选防暴警察,从体能、射击、反应 3 项指标进行检测,如果这 3 项中至少有 2 项通过即可入选。假定某基地有 4 名武警战士(分别记为 A,B,C,D)拟参加挑选,且每人能通过体能、射击、反应的概率分别为 $\frac{2}{3}, \frac{2}{3}, \frac{1}{2}$。这 3 项测试能否通过相互之间没有影响。

(1) 求 A 能够入选的概率;

(2) 规定:按入选人数得训练经费(每入选 1 人,则相应的训练基地得到 3000 元的训练经费),求该基地得到训练经费的分布列与数学期望。

3.5　离散型随机变量的方差

设在一组数据 $x_1, x_2, \cdots, x_n$ 中,各数据与它们的平均值 $\overline{x}$ 的差的平方分别是 $(x_1 - \overline{x})^2, (x_2 - \overline{x})^2, \cdots, (x_n - \overline{x})^2$,那么

$$S^2 = \frac{1}{n}\left[(x_1 - \overline{x})^2 + (x_2 - \overline{x})^2 + \cdots + (x_n - \overline{x})^2\right]$$

叫作这组数据的方差。

对于离散型随机变量 ξ,如果它所有可能取的值是 $x_1, x_2, \cdots, x_n, \cdots$,且取这些值的概率分别是 $p_1, p_2, \cdots, p_n, \cdots$,那么,

$$D(\xi) = (x_1 - E\xi)^2 \cdot p_1 + (x_2 - E\xi)^2 \cdot p_2 + \cdots + (x_n - E\xi)^2 \cdot p_n + \cdots$$

称为随机变量 ξ 的**均方差**,简称为**方差**,式中的 $E(\xi)$ 是随机变量 ξ 的期望。

$D(\xi)$ 的算术平方根 $\sqrt{D\xi}$ 叫作随机变量的**标准差**，记作 $\sigma(\xi)$。

例 1　随机抛掷一枚质地均匀的骰子。

（1）求向上一面的点数的均值、方差和标准差；

（2）计算 $E(\xi^2) - [E(\xi)]^2$。

解　抛掷骰子所得点数 X 的分布列如表 3-30 所示。

表 3-30

X	1	2	3	4	5	6
P	$\frac{1}{6}$	$\frac{1}{6}$	$\frac{1}{6}$	$\frac{1}{6}$	$\frac{1}{6}$	$\frac{1}{6}$

$$E(X) = 1 \times \frac{1}{6} + 2 \times \frac{1}{6} + 3 \times \frac{1}{6} + 4 \times \frac{1}{6} + 5 \times \frac{1}{6} + 6 \times \frac{1}{6} = 3.5,$$

$$D(X) = (1-3.5)^2 \times \frac{1}{6} + (2-3.5)^2 \times \frac{1}{6} + (3-3.5)^2 \times \frac{1}{6} +$$

$$(4-3.5)^2 \times \frac{1}{6} + (5-3.5)^2 \times \frac{1}{6} + (6-3.5)^2 \times \frac{1}{6}$$

$$\approx 2.92,$$

$$\sigma(X) = \sqrt{D(X)} \approx 1.71。$$

$$E(\xi^2) = 1 \times \frac{1}{6} + 2^2 \times \frac{1}{6} + 3^2 \times \frac{1}{6} + 4^2 \times \frac{1}{6} + 5^2 \times \frac{1}{6} + 6^2 \times \frac{1}{6} = \frac{91}{6},$$

$$E(\xi^2) - E^2(\xi) = \frac{91}{6} - \left(\frac{7}{2}\right)^2 \approx 2.92。$$

注　离散型随机变量 X 的方差 $D(X) = E(X^2) - E^2(X)$（证明略）。

例 2　甲、乙两射手在同一条件下进行射击，设甲、乙击中环数的随机变量分别为 X、Y，分布列如表 3-31 和表 3-32 所示。

表 3-31

X	8	9	10
P	0.2	0.6	0.2

表 3-32

X	8	9	10
P	0.4	0.2	0.4

用击中环数的期望与方差比较两名射手的射击水平。

解　$E(X) = 0.2 \times 8 + 0.6 \times 9 + 0.2 \times 10 = 9,$

$$D(X) = (8-9)^2 \times 0.2 + (9-9)^2 \times 0.6 + (10-9)^2 \times 0.2 = 0.4,$$

同理有

$$E(Y) = 9, D(Y) = 0.8,$$

由上可知,

$$E(X) = E(Y), D(X) < D(Y),$$

所以,在射击之前,可以预测甲、乙两名射手所得的平均环数很接近,均在 9 环左右,但甲所得环数较集中,以 9 环居多,而乙得环数较分散,得 8,10 环的次数多些。

注 随机变量的方差、标准差也是随机变量的特征数,它们都反映了随机变量取值的稳定与波动、集中与离散的程度。

例 3 已知随机变量 X 服从两点分布,如表 3-33 所示,求 $D(X)$。

表 3-33

X	0	1
P	$1-p$	p

解 $E(X) = p, D(X) = E(X^2) - E^2(X) = p - p^2 = p(1-p)$。

例 4 篮球运动员在比赛中每次罚球命中得 1 分,罚不中得 0 分。已知某运动员罚球命中的概率为 0.7,他连续罚球 3 次。求他得到的分数 X 的方差。

解 $X \sim B(3, 0.7)$,如表 3-34 所示。

表 3-34

X	0	1	2	3
P	$C_3^0 \times 0.3^3$	$C_3^1 \times 0.7 \times 0.3^2$	$C_3^2 \times 0.7^2 \times 0.3$	$C_3^3 \times 0.7^3$

$$E(X) = 0 + C_3^1 \times 0.7 \times 0.3^2 \times 1 + C_3^2 \times 0.7^2 \times 0.3 \times 2 + C_3^3 \times 0.7^3 \times 3$$
$$= 2.1,$$

$$E(X^2) = 1 \times C_3^1 \times 0.3^2 + 2^2 \times C_3^2 \times 0.7^2 \times 0.3 + 3^2 \times C_3^3 \times 0.7^3 = 5.04,$$

$$D(X) = E(X^2) - E^2(X) = 5.04 - 4.41 = 0.63 = 3 \times 0.7 \times (1-0.7)。$$

注 如果离散型随机变量 X 服从二项分布,即 $X \sim B(n, p)$,则 $D(X) = np(1-p)$。

例5　随机抛掷一个骰子,设所得骰子的点数为 X,将所得点数的 2 倍加 1 作为得分数 Y,即 $Y = 2X + 1$,试求 Y 的方差。

解　由题意得 X 的分布列如表 3-35 所示。

表 3-35

X	1	2	3	4	5	6
P	$\frac{1}{6}$	$\frac{1}{6}$	$\frac{1}{6}$	$\frac{1}{6}$	$\frac{1}{6}$	$\frac{1}{6}$

所以 Y 的分布列如表 3-36 所示。

表 3-36

Y	3	5	7	9	11	13
P	$\frac{1}{6}$	$\frac{1}{6}$	$\frac{1}{6}$	$\frac{1}{6}$	$\frac{1}{6}$	$\frac{1}{6}$

从而

$$E(Y) = 3 \times \frac{1}{6} + 5 \times \frac{1}{6} + 7 \times \frac{1}{6} + 9 \times \frac{1}{6} + 11 \times \frac{1}{6} + 13 \times \frac{1}{6} = 8,$$

$$D(Y) = (3-8)^2 \times \frac{1}{6} + (5-8)^2 \times \frac{1}{6} + (7-8)^2 \times \frac{1}{6} + (9-8)^2 \times \frac{1}{6} +$$

$$(11-8)^2 \times \frac{1}{6} + (13-8)^2 \times \frac{1}{6}$$

$$= \frac{35}{3},$$

$$E(X) = 3.5, D(X) = \frac{35}{12},$$

所以

$$D(Y) = 4 \times D(X) = 2^2 D(X).$$

方差有如下性质:

$$D(C) = 0(C 为常数), D(aX + b) = a^2 D(X).$$

练习 3.5

1. 已知 $X \sim B(n, p)$,$E(X) = 8$,$D(X) = 1.6$,则 n, p 的值分别是_____。

2. 已知随机变量 X 的分布列如表 3-37 所示。

表 3-37

X	1	2	3
P	0.4	0.2	0.4

则 $D(X)$ 等于＿＿＿＿＿。

3. 已知随机变量 X 的分布列如表 3-38 所示。

表 3-38

X	0	1	x
P	0.2	y	0.3

且 $E(X) = 1.1$，则 $D(X) = $ ＿＿＿＿＿。

4. 随机变量 X 的分布列如表 3-39 所示。

表 3-39

X	-1	0	1
P	a	b	c

其中 a、b、c 成等差数列，若 $E(X) = \dfrac{1}{3}$，则 $D(X) = $ ＿＿＿＿＿。

5. 设离散型随机变量 X 的分布列如表 3-40 所示。

表 3-40

X	0	1
P	0.3	0.7

则 $D(X) = $ ＿＿＿＿＿。

6. 已知 $D(3X+2) = 9$，则 $D(X) = $ ＿＿＿＿＿。

7. 抛掷一枚质地均匀的骰子，用 X 表示掷出偶数点的次数。

(1) 若抛掷一次,求 $E(X)$ 和 $D(X)$;

(2) 若抛掷 10 次,求 $E(X)$ 和 $D(X)$。

8. 甲、乙两名工人加工同一种零件,两人每天加工的零件数相等,所出次品数分别为 ξ、η,且 ξ 和 η 的分布列分别如表 3-41 和表 3-42 所示。

表 3-41

ξ	0	1	2
P	0.6	0.1	0.3

表 3-42

η	0	1	2
P	0.5	0.3	0.2

试比较这两名工人谁的技术水平更高。

9. 有甲、乙两名学生,经统计,他们在解答同一份数学试卷时,各自的成绩在 80 分、90 分、100 分的概率分布分别如表 3-43 和表 3-44 所示。

表 3-43

X	80	90	100
P	0.2	0.6	0.2

表 3-44

Y	80	90	100
P	0.4	0.2	0.4

试分析这两名学生的成绩水平。

10. 有甲、乙两个单位都愿意聘用你,而你能获得两个单位的工资待遇信息如表 3-45 和表 3-46 所示。

表 3-45

甲单位不同职位月工资 X_1/元	1200	1400	1600	1800
获得相应职位的概率 p_1	0.4	0.3	0.2	0.1

表 3-46

乙单位不同职位月工资 X_2/元	1000	1400	1800	2000
获得相应职位的概率 p_2	0.4	0.3	0.2	0.1

根据工资待遇的差异情况,你愿意选择哪个单位?

习题 3

一、填空题。

1. ①某座大桥一天经过的车辆数 X；②某无线寻呼台一天内收到寻呼的次数 X；③一天之内的温度为 X；④一个射手对目标进行射击，击中目标得 1 分，未击中目标得 0 分，用 X 表示该射手在一次射击中的得分。上述问题中 X 是离散型随机变量的是_____。

2. 袋中有大小相同的 5 个钢球，分别标有 1，2，3，4，5 五个号码，在有放回地抽取条件下依次取出 2 个球，设这两个球号码之和为随机变量 X，则 X 所有可能取值为_____。

3. 若随机变量 X 与 Y 的关系为 $Y=2X+2$，如果 $E(X)=1$，$D(X)=2$，则随机变量 Y 的方差 $D(Y)=$_____，期望 $E(Y)=$_____。

4. 已知 $X \sim B(100,0.5)$，则 $E(X)=$_____，$D(X)=$_____。$E(2X-1)=$_____，$D(2X-1)=$_____。

5. 已知随机变量 ξ 的分布列为 $P\{\xi=k\}=\dfrac{1}{3}$，$k=1,2,3$，则 $D(3\xi+5)=$

_____。

6. 袋中有大小相同且标有不同号码的 3 个黑球和 1 个红球。从中任取 2 个，取到一个黑球得 0 分，取到一个红球得 2 分，则所得分数 ξ 的数学期望 $E(\xi)=$_____。

7. 已知随机变量 X 的分布列如表 3-47 所示。

表 3-47

X	-1	0	1	2
P	0.1	0.2	0.3	0.4

则 $P\{X<-2\}=$_____，$P\{-1<X\leqslant 0\}=$_____，$P\{X\geqslant 2\}=$_____。

8. 若随机变量 X 的分布列如表 3-48 所示。

表 3-48

X	−2	−1	0	1	2	3
P	0.1	0.2	0.2	0.3	0.1	0.1

则当 $P\{X < a\} = 0.8$ 时，实数 a 的取值范围是_____。

9. 设某项试验的成功率是失败率的 2 倍，用随机变量 X 去描述 1 次试验的成功次数，则 $P\{X = 0\} =$ _____。

10. 设随机变量 X 的分布列为 $P\{X = k\} = m\left(\dfrac{2}{3}\right)^k$ $(k = 1, 2, 3)$，则 m 的值为_____。

11. 设随机变量 ξ 只能取 $5, 6, 7, \cdots, 16$ 这 12 个值，且取每个值的概率相同，则 $P\{\xi > 8\} =$ _____，$P\{6 < \xi \leqslant 14\} =$ _____。

12. 有一射手击中目标的概率为 0.7，记 4 次射击击中目标的次数为随机变量 ξ，则 $P\{\xi \geqslant 1\} =$ _____。

二、解答题。

1. 某数学学会准备举行一次"高职应用数学"课程研讨会，共邀请 50 名一线教师参加，使用不同版本数学教材的教师人数如表 3-49 所示。

表 3-49

版本	复旦大学 A 版	复旦大学 B 版	第四军医大版	北师大版
人数（人）	20	15	5	10

(1) 从这 50 名教师中随机选出 2 名，求 2 人所使用版本相同的概率；

(2) 若随机选出 2 名使用复旦大学版的教师发言，设使用复旦大学 A 版的教师人数为 ξ，求随机变量 ξ 的分布列和分布函数；

(3) 求随机变量 ξ 的数学期望和方差。

2. 一名学生每天骑车上学，从他家到学校的途中有 4 个交通岗，假设他在各个交通岗遇到红灯的事件是相互独立的，并且概率都是 $\dfrac{1}{3}$。

(1) 设 ξ 为这名学生在途中遇到红灯的次数，求 ξ 的分布列；

(2) 设 η 为这名学生在首次停车前经过的路口数，求 η 的分布列；

（3）求这名学生在途中至少遇到一次红灯的概率；

（4）写出 ξ 的期望与方差。

3. 甲、乙两人参加某电视台举办的答题闯关游戏，按照规则，甲先从 6 道备选题中一次性抽取 3 道题独立作答，然后由乙回答剩余 3 题，每人答对其中 2 题就停止答题，即闯关成功。已知在 6 道被选题中，甲能答对其中的 4 道题，乙答对每道题的概率都是 $\dfrac{2}{3}$。

（1）求甲、乙至少有 1 人闯关成功的概率；

（2）设甲答对题目的个数为 ξ，求 ξ 的分布列。

4. 一高职院校共派出足球、排球、篮球 3 个球队参加湖北省大学生运动会，它们获得冠军的概率分别为 $\dfrac{1}{2}$，$\dfrac{1}{3}$，$\dfrac{2}{3}$。

（1）求该学校获得冠军个数 ξ 的分布列；

（2）若球队获得冠军，则给其所在学校加 5 分，否则加 2 分，求该学校得分 Y 的分布列。

5. 2014 年 8 月 22 日是邓小平同志诞辰 110 周年纪念日，为纪念邓小平同志 110 周年诞辰，促进广安乃至四川旅游业进一步发展，国家旅游局把 2014 年"5.19"中国旅游日主会场放在四川广安。为迎接旅游日的到来，某旅行社组织了 14 人参加"四川旅游常识"知识竞赛，每人回答 3 个问题，答对题目个数及对应人数统计结果见表 3-50：

表 3-50

答对题目个数	0	1	2	3
人数	3	2	5	4

根据上表信息解答以下问题：

（1）从 14 人中任选 3 人，求 3 人答对题目个数之和为 6 的概率；

（2）从 14 人中任选 2 人，用 X 表示这 2 人答对题目个数之和，求随机变量 X 的分布列。

6. 编号 1，2，3 的三位学生随意入座编号 1，2，3 的三个座位，每位学生坐 1 个座位，设与座位编号相同的学生人数是 X。

　　(1) 求随机变量 X 的概率分布列；

　　(2) 求随机变量的 X 期望与方差。

　　7. 随机抽取某厂的某种产品 200 件，经质检，其中有一等品 126 件、二等品 50 件、三等品 20 件、次品 4 件。已知生产 1 件一、二、三等品获得的利润分别为 6 万元、2 万元、1 万元，而 1 件次品亏损 2 万元。设 1 件产品的利润（单位：万元）为 X。

　　(1) 求 X 的分布列；

　　(2) 求 1 件产品的平均利润（即 X 的数学期望）；

　　(3) 经技术革新后，仍有 4 个等级的产品，但次品率降为 1%，一等品率提高为 70%。如果此时要求 1 件产品的平均利润不低于 4.73 万元，则三等品率最高是多少？

第4章　统计数据的搜集、整理与描述

在1936年美国总统选举前,一份颇有名气的杂志的工作人员对兰顿和罗斯福两位候选人做了一次民意测验。调查者通过电话簿和车辆登记簿上的名单给一大批人发了调查表。调查结果表明,兰顿当选的可能性大(57%),但选举结果正好相反,最后罗斯福当选(62%)。你认为预测结果出错的原因是什么?

我们生活在一个数字化时代,时刻都在和数据打交道。例如,产品的合格率、农作物的产量、商品的销售量、电视台的收视率等。你知道这些数据是怎么来的吗?你知道如何从大量的数据中提取有价值的信息吗?实际上杂乱无章的数据体现不出它的价值,对实践也没有指导意义。因此学习、理解和掌握如何对数据进行整理、分组、制表和制图,以及如何选择适当的指标,以便能够突出地显示数据的本质和统计含义,是十分必要的。本章主要介绍统计数据的整理和描述方法。

4.1　数据的计量与类型

4.1.1　数据的计量尺度

在计量学的一般分类方法中,依据对事物计量的精确程度,可将所采用的计量尺度由低级到高级、由粗略到精确分为4个层次,即定类尺度、定序尺度、定距尺度和定比尺度。

1. 定类尺度

定类尺度(亦称分类尺度、列名尺度等)是这样的一种品质标志:按照它可对研究客体进行平行的分类或分组,使同类同质,异类异质。例如,按照性别将人口分为男、女两类；按照经济性质将企业分为国有、集体、私营、混合制企业等。这里的"性别"和"经济性质"就是两种定类尺度。定类尺度是最粗略、计量层次最低的计量尺度，利用它只可测度事物之间的类别差，而不能了解各类之间的其他差别。定类尺度计量的结果表现为某种类别，但为了便于统计处理，例如为了计算和识别，也可用不同数字或编码表示不同类别。比如用"1"表示"男"，"0"表示"女"；用"1"表示"国有企业"，"2"表示"集体企业"，"3"表示"私营企业"，等等。这些数字只是不同类别的代码，绝不意味着它们区分了大小，更不能进行任何数学运算。定类尺度能对事物做最基本的测度，是其他计量尺度的基础。

2. 定序尺度

定序尺度（亦称序数尺度、顺序尺度等）是这样的一种品质标志：利用它不仅能将事物分成不同的类别，还可确定这些类别的等级差别或序列差别。例如"产品等级"就是一种测度产品质量好坏的定序尺度，它可将产品分为一等品、二等品、三等品、次品等；"考试成绩"也是一种定序尺度，它可将成绩分为优、良、中、及格、不及格等；"对某一事物的态度"作为一种定序尺度，可将人们的态度分为非常同意、同意、保持中立、不同意、非常不同意，等等。显然，定序尺度对事物的计量要比定类尺度精确些，但它至多测度了类别之间的顺序，而未测量出类别之间的准确差值。因此，定序尺度的计量结果只能比较大小，不能进行加、减、乘、除等运算。

3. 定距尺度

定距尺度（亦称间隔尺度、等距尺度、区间尺度等）是能测度事物类别或次序之间间距的数量标志，更具体些说，定距尺度是可将事物区分为不同类别，对这些类别进行排序，并较准确地度量类别之间数量差距的一种计量尺度。该尺度通常使用自然或物理单位作为度量单位，如收入用人民币"元"度量，考试成绩用"分"度量，重量用"克"度量，长度用"米"度量等。定距尺度的计量结果表现为数值。定距尺度的数值可做加、减法运算，例如，考试成绩80分与90分之间相差10分，一个地区的温度20 ℃与另一个地区的25 ℃相差5 ℃，等等。但不能做乘、除法运算，而且，定距尺度没有绝对的零点。

4. 定比尺度

定比尺度(亦称为比率尺度)的计量结果也表示为数值,跟定距尺度属同一层次,有时对两者可不作区分。定比尺度这种数量标志不仅能测度各类别的大小和多少,还有一个绝对零点(Absolute zero)作为起点。这个绝对零点是它跟定距尺度的明显差别,就是说,定距尺度中没有绝对零点,即使其计量值为"0",这个"0"也是有客观内容的数值,即"0"水平,而不表示"没有"或"不存在"。例如,某个学生统计学的考试成绩为"0"分,这个"0"分是他的统计学的客观成绩,并不表示他没有考试成绩或没有任何统计学意义;一个地区的温度为 0 ℃,这表示一种温度的水平,并不是说没有温度。而定比尺度中绝对零点的"0",表示"没有"或"不存在"。例如,一个人的身高为"0"米表示"这个人不存在",一个人的收入为"0"表示"这个人没有收入",一个产品的产量为"0"表示"没有这种产品",等等。现实中,大多数场合人们使用的都是定比尺度。

定比尺度与前面 3 种计量尺度相比还有一个特性,就是可以计算数值之间的比值。例如,一个人的月工资收入为 600 元,另一个人的为 300 元,可以得出一个人的收入是另一个人的 2 倍。但定距尺度由于不存在绝对零点,就只能比较数值差,而不能计算比值。比如,可以说 30 ℃ 与 15 ℃ 之差为 15 ℃,而不能说 30 ℃ 比 15 ℃ 热一倍。可见,定比尺度可以做加、减、乘、除法运算。

上述 4 种计量尺度对事物的计量层次是由低级到高级、由粗略到精确,逐步递进的。高层次的计量尺度可以计量低层次计量尺度能够计量的事物,但不能反过来。显然,可以很容易地将高层次计量尺度的计量结果转化为低层次计量尺度的计量结果,如将考试成绩的百分制转化为五等级分制就是其中一例。

4.1.2　数据的类型

数据也称资料,是对客观现象计量的结果。

统计数据大体上分为两种类型:定性数据和定量数据。

定性数据也称品质数据,它说明的是事物的品质特征,是不能用一个有统一单位的数来表示的,这类数据由定类尺度和定序尺度计量形成,从而定性数据又分为定类数据和定序数据两类。

定量数据也称数量数据或数值性数据,它说明的是事物的数量特征,是能够用一个有统一单位的数(比如,身高可以用厘米、米或英寸等,体重可以用千克或磅,温度可以用摄氏度或开尔文,声音的频率可以用赫兹或弧度每秒;这里的"统一单位"是指对不同的变量值都可以使用这个单位,而不是一定要使用这个单位)表示的,这类数据由定距尺度和定比尺度计量形成。

在本质上来说,定性数据的取值是文字性的、描述性的;定量数据的取值是数字性的、度量性的。我们也经常用数字来区别定性数据,比如,用"1"表示性别为"男",用"2"表示性别为"女",表面上看它们也是用数字来表示的,但我们可以看到,这只是一种规定,对应关系具有随意性,如果用"1"表示性别为"女",用"2"表示性别为"男",也是一样可行的,并不会影响这个问题的结果,甚至用"0"表示性别为"男",用"1"表示性别为"女"也可以。而定量数据的取值直接反映了其属性,是不能随便改变的,比如,你说我规定用 1 来表示 2 ℃,用 2 来表示 1 ℃,那你怎么来比较温度差?1 < 2,所以 2 ℃ 比 1 ℃ 低?再规定,数值小表示温度高,这不是自找麻烦吗?也就是说,它的取值不是可以随便规定的。

同样表示身高,用厘米表示就是定量数据,用"很高、中等、不矮、矮个"来描述就是定性数据。同样表示成绩,用分数就是定量数据,用"优、良、中、差"来描述就是定性数据。但一般来说,定量的数据容易用定性的语言来描述,而且也多是定序的(即使不严格);但定性的数据就不容易用定量的语言来描述。定序数据还好一点,可以给它规定一个对应的数值,比如,用绩点来代替"优、良、中、差",就成了定量数据。而要把定类数据变成定量数据就非常困难,原因是定类数据是无序的,而定量数据无论如何都有一个自然的序关系包含在里面(并且其差异主要都是由其数值大小的差别决定的),这就是"无中生有"的难度。

定性数据的取值与数字的对应关系,一旦作出规定,在使用的过程中就要保持一致,不能一会儿用"1"表示"男",一会儿用"1"又表示"女"。就像定量数据的单位,一旦选定就必须保持一致,不能一部分数据用这个单位,另一个数据用另一个单位,而把它们的数值拿来直接进行比较或计算。

在统计中,我们把对事物现象特征的描述称为变量。如果它是分类型数据,称为分类型变量;如果它是数量型数据,则称为数量型变量。很多情况下,我们所研究的变量都是数量型变量,大多数的统计方法也都是对于数量型变量的分析,因此有时把数量型变量简称为变量。

练习 4.1

1. 下列数据采用了何种计量尺度?

(1) 甲、乙有生命;

(2) 甲为中年人,乙为少年人;

(3) 甲生于 1949 年,乙生于 1994 年;

(4) 甲 60 岁,乙 15 岁;

(5) 某著名运动员出生于 1980 年;健康状况为良好;体重 67 kg。

2. 指出下列数据的类型。

(1) 内科老师是研究生;

(2) 小李期末考试平均成绩为 87 分;

(3) 从学生对老师的满意度的调查中得知,有 46 人对数学老师不满意。

4.2　统计数据的搜集

从统计数据本身的来源看,统计数据最初都是来源于直接的调查或实验。但从使用者的角度看,统计数据主要来源于两种渠道:一是来源于直接的调查和科学实验,对使用者来说,这是统计数据的直接来源,我们称之为第一手或直接的统计数据;二是来源于别人调查或实验的数据,对使用者来说,这是统计数据的间接来源,我们称之为第二手或间接的统计数据。本节从使用者的角度讲述统计数据的收集方法。

4.2.1　统计数据的间接来源

对大多数使用者来说,亲自去做调查往往是不可能的。所使用的数据大多数是别人调查或科学实验的数据,对使用者来说称为二手数据。

二手数据主要是公开出版的或公开报道的数据,当然有些是尚未公开出版的数据。在我国,公开出版或报道的社会经济统计数据主要来自国家和地方的统计部门以及各种报刊媒介。例如,公开出版的有《中国市场统计年鉴》以及各省、市、地区的统计年鉴等。提供世界各国社会和经济数据的出版物也有很多,如《世界经济年鉴》、《国外经济统计资料》、民办银行各年度的《世界发展报告》等。联合国的有关部门及世界各国也定期出版各种统计数据。

除了公开出版的统计数据,还可以通过其他渠道使用一些尚未公开发布的统计数据,以及广泛分布于各种报纸、杂志、图书、广播、电视传媒中的数据资料。现在,随着计算机网络技术的发展,也可以在网络上获取所需的各种数据资料。

利用二手数据对使用者来说既经济又方便,但使用时应注意统计数据的含义、计算口径和计算方法,以避免误用或滥用。同时,在引用二手数据时,一定要注明数据的来源,以尊重他人的劳动成果。

4.2.2　统计数据的直接来源

统计数据的直接来源主要有两个渠道:一是调查或观察;二是实验。调查是取得社会经济数据的重要手段,其中有统计部门进行的统计调查,也有其他部门或机构为特定目的而进行的调查,如市场调查等;实验是取得自然科学数据的主要手段。在本节中,着重介绍取得社会经济数据的主要方式和方法。

实际中常用的统计调查组织方式主要有普查、抽样调查、统计报表、重点调查和典型调查。

1. 普查

普查(General survey)是为某一特定目的而专门组织的一次性全面调查方式,如人口普查、工业普查、农业普查等。世界各国一般都定期进行各种普查。普查适用于特定目的、特定对象,旨在搜集有关国情国力的基本统计数据,为国家制定有关政策或措施提供依据。它主要用于搜集处于某一时点状态上的社会经济现象的数量。普查作为一种特殊的调查组织方式有以下几个特点:

（1）普查通常是一次性或周期性的。普查涉及面广，调查单位多，要耗费大量的人力、物力和财力，所以间隔时间较长。我国的人口普查从 1953 年到 2010 年共进行过 6 次。今后，我国的普查将规范化、制度化，每逢末尾为"0"的年份进行人口普查，末尾为"3"的年份进行第三产业普查，末尾为"5"的年份进行工业普查，末尾为"7"的年份进行农业普查，末尾为"1"或"6"的年份进行统计基本单位普查。如果没有特殊情况，下一次的人口普查会是 2020 年。

（2）普查一般需要规定统一的标准调查时间，以避免调查数据的重复或遗漏，保证普查结果的准确性。我国前四次人口普查的标准时间定为普查年份的 7 月 1 日 0 时，第五次人口普查为 2000 年 11 月 1 日 0 时，第六次为 2010 年 11 月 1 日 0 时。农业普查的标准时间定为普查年份的 1 月 1 日 0 时。标准时间一般定为调查对象比较集中、相对稳定的时期。

（3）普查的数据一般比较准确，规范化程度也高，因此可作为抽样调查和其他调查的依据。

（4）普查的使用范围较窄，只能调查一些最基本或特定的现象。

2. 抽样调查

人们在研究某个自然现象或社会现象时，往往会遇到不方便、不可能或不必要对所有的对象做调查的情况，于是从中抽取一部分对象做调查，这就是抽样调查。其中研究对象的全体称为**总体**，组成总体的每一个对象称为**个体**。总体中包含个体的个数称为**总体容量**，它可以是有限个，也可以是无限多个。从总体中抽取的一部分对象称为样本，样本所包含的个体个数称为**样本容量**。例如，为了解某试验田内小麦的长势情况，从中随机抽取 100 株小麦进行测量，然后用这 100 株小麦的长势来估计这块试验田小麦的长势。这里试验田的小麦是总体，很显然总体容量很大。随机抽取的 100 株小麦是样本，则样本容量为 100。

在抽样调查中，样本的选择是至关重要的，样本能否代表总体，直接影响着统计结果的可靠性。高质量的样本数据来自"搅拌均匀"的总体。如果我们能够设法将总体"搅拌均匀"，那么从中任意抽取一部分个体的样本，它们含有与总体基本相同的信息。"搅拌均匀"使得总体中的每一个个体都以相同的可能性被选到样本之中。常用的抽样方法有系统抽样和分层抽样。

3. 统计报表

统计报表（Statistical form）是按照国家有关法规规定，自上而下统一布置，自下而上逐级填报的一种调查组织方式。这种调查组织方式在我国政府统计工作中，经过几十年的改进和完善，已形成了一套比较完备的统计报表制度，它要求以原始数据为基础，按照统一的表式、指标、报送时间和报送程序填报，已成为国家和地方政府部门获取统计数据的主要统计调查组织方式。

统计报表类型多样。统计报表按调查范围可分为全面报表和非全面报表；按报送时间可分为日报、月报、季报和年报等；按报送受体可分为国家、部门、地方统计报表。

4. 重点调查

重点调查（Key-point investigation）是这样的一种调查组织方式：它只从全部总体单位中选择少数重点单位进行调查，这些重点单位尽管在全部总体单位中出现的频数极少，但其某一数量标志却在所要研究的数量标志值总量中占有很大的比重。例如，要了解全国的小麦生产总量，只要对产量很大的河北、河南、湖北、安徽等几个地区进行调查，就可对全国的小麦生产总量有个大致的认识。这几个产量很大的地区，构成了这次全国小麦产量调查的重点单位，因为它们的小麦产量在全国的小麦生产总量中占有很大比重。

5. 典型调查

典型调查（Typical investigation）是从全部总体单位中选择一个或几个有代表性的单位进行深入细致调查的一种调查组织方式。典型调查的目的是通过典型单位具体生动、形象的资料来描述或揭示事物的本质或规律，因此所选择的典型单位应能反映所研究问题的本质属性或特征。例如，要研究工业企业的经济效益问题，可以在同行业中选择一个或几个经济效益突出的单位做深入细致的调查，从中找出经济效益高的原因和经验。典型调查主要用于定性研究，调查结果一般不能推断总体。

4.2.3　统计数据搜集的方法

不论采用哪种方式组织调查，都要运用具体的数据搜集方法去采集统计数据。归纳起来，数据搜集方法有询问调查和观察实验两大类。

1. 询问调查

询问调查是调查者与被调查者直接或间接接触以获得数据的一种方法。具体包括访问调查、邮寄调查、电话调查、电脑辅助调查、座谈会、个别深度访问等。

（1）访问调查。

访问调查又称派员调查，是调查者与被调查者通过面对面交谈从而得到所需资料的一种调查方法。访问调查又可分为标准式访问和非标准式访问两种。标准式访问又称结构式访问，是按照调查人员事先设计好的，有固定格式的标准化问卷或表格，有顺序地依次提问，并由受访者做出回答。其优点是能够对调查过程加以控制，从而获得比较可靠的调查结果。非标准式访问又称非结构式访问，它事先不制作统一的问卷或表格，没有统一的提问顺序，调查人员只是出一个题目或提纲，由调查人员和受访者自由交谈，从中获得所需资料。询问调查在市场和社会调查中常被采用。

（2）邮寄调查。

邮寄调查是通过邮寄、宣传媒体和专门场所等将调查表或问卷送至被调查者手中，由被调查者填写，然后将调查表寄回或投放到收集点的一种调查方法。这是一种标准化调查，其特点是，调查人员和受调查者没有直接的语言交流，信息的传递完全依赖于调查表。邮寄调查在统计部门进行的统计报表及市场调查机构进行的问卷调查中经常被使用。

（3）电话调查。

电话调查是调查人员利用电话同受访者进行语言交流，从而获得信息的一种调查方法。该方法具有时效快、费用低等特点。随着电话的普及，电话调查也越来越广泛。电话调查可以按照事先设计好的问卷进行，也可以针对某一专门问题进行电话采访。电话调查所提问题要明确，且数量不宜过多。

（4）电脑辅助调查。

这种调查也叫作电脑辅助电话调查，就是在电话调查时，调查的问卷、答案都由计算机显示，整个调查过程，包括电话拨号、调查记录、数据处理等也都借助于计算机来完成的一种调查方法。目前，电脑辅助调查已在一些发达国家和地区得到广泛应用并开发出了各种电脑辅助电话调查系统。

（5）座谈会。

座谈会也称为集体访谈法，就是将一组被调查者集中在调查现场，让他们对调查的主题发表意见，从而获取资料的方法。参加座谈会的受访者应是所调查问题的专家或有经验者，人数不宜太多，通常为 6 ～ 10 人，研究人员应对受访者进行严格的甄别、筛选。讨论方式主要看主持人的习惯和爱好。这种方法能获取其他方法无法取得的资料，因为在彼此交流的环境里，受访者相互影响、启发、补充，不断修正自己的观点，这就有利于研究者从中获得较为广泛深入的想法和意见。而且座谈会不会因为问卷过长而遭到拒访。

（6）个别深度访问。

深度访问是一种一次只要一名受访者参加的特殊的定性研究。深度访问暗示着要不断深入到受访者的思想中，努力发掘其行为的真实动机。深度访问是一种无结构的个人访问，调查者运用大量的追问技巧，尽可能让受访者自由发挥，表达他的想法和感受。深度访问常用于动机研究，如消费者购买某种产品的动机等，以发掘受访者非表面化的深层意见。这一方法最适用于研究隐私的问题，如个人隐私问题，或敏感问题，如政治性问题。对于那些不同人之间观点差异极大的问题，用小组讨论可能会把问题弄糟，这时也可采用深度访问法。

座谈会和个别深访法属于定性方法，通常围绕一个特定的主题取得有关定性资料。此类方法和定量方法不同。定量方法是从总体中按随机方式抽取样本获得资料，其研究结果或结论可以进行推论。但定性研究着重于问题的性质和对未来趋势的把握，而不是对研究总体数量特征的推断。座谈会和个别深度访问主要用于市场调查和研究。

2. 观察与实验

观察与实验是调查者通过直接的观察或实验获得数据的一种方法。

（1）观察法。

观察法是指就调查对象的行动和意识，调查人员边观察边记录的一种收集信息的方法，是一种可替代直接发问的方法。运用这种方法，训练有素的观察员或调查员到重要地点，利用感觉器官或借助一定的仪器，观测和记录人们的行为和举动。采用观察方法，由于调查人员不是强行介入，被观测者不知道有人在观测，因而常常能在被观测者不察觉的情况下获得信息资料。

（2）实验法。

实验法是一种特殊的观察调查方法。它是在所设定的特殊实验场所、特殊状态下，对调查对象进行实验以取得所需资料的一种调查方法。根据场所不同，实验法可分为在室内进行的室内实验法和在市场或外部进行的市场实验法。室内实验法可用于广告认知的实验等，例如，在同日的同种报纸上，版面大小相同，分别刊登 A，B 两种广告，然后将其散发给读者，以测定其反应结果。市场实验法可用于消费者需求调查等，例如，企业让消费者免费使用一种新产品，以得到消费者对新产品看法的资料。

4.2.4　统计调查方案

统计调查的工作量大，内容繁杂，研究目的和任务又客观要求调查资料的准确性、全面性和及时性，为了做好本阶段的工作，在调查工作开始之前，必须制订出一个周密的调查方案，对整个阶段的工作进行统筹考虑、合理安排，保证统计调查工作的效率和质量。

下面以人口普查为例，说明一个完整的统计调查方案应包括的主要内容。

1. 确定调查目的

统计调查是为一定的统计研究任务服务的，在制定调查方案时，首先要确定调查目的，即调查中要研究解决的问题和要取得的资料。例如，2000 年 11 月 1 日零时举行的全国第五次人口普查的调查方案中，明确规定这次调查的目的就在于：为了准确地查清第四次全国人口普查以来我国人口在数量、地区分布、结构和素质方面的变化，为科学地制订国民经济和社会发展战略规划，统筹安排人民的物质和文化生活，检查人口政策执行情况，提供可靠的资料。可见，在这一调查方案中，调查目的是具体和明确的。

2. 确定调查对象和调查单位

统计调查的目的确定以后，就可以进一步确定调查对象和调查单位。确定调查对象和调查单位，就是为了回答向谁调查、由谁来具体提供资料的问题。调查对象就是根据调查目的所确定的统计总体。例如，人口普查的对象就是全国的人口总体。

调查单位是进行调查登记的标志值的承担者。如我国进行的第五次人口普查,全国的人口总体(具有中国国籍,并在中国国境内常住的自然人)就是调查对象,每一个人就是调查单位。

明确调查单位,还要同填报单位区别开来。填报单位是填写调查内容、提供资料的单位,它可以是一定的部门或单位,也可以是调查单位本身,这要根据调查对象的特点和调查任务的要求确定。

3. 确定调查项目及拟定调查表

调查项目就是所要调查的内容及所要登记的调查单位的特征。调查项目一般就是调查单位各个标志的名称,包括品质标志和数量标志两种。

调查项目确定后,就要将这些调查项目科学地分类排队,并按一定顺序列在表格上,这种供调查使用的表格就叫调查表。

调查表一般分为单一表和一览表两种。单一表(又称卡片式)是将一个调查单位的调查内容填列在一份表格上的调查表。它可以容纳较多的项目,且便于分类整理和汇总审核。一览表就是把许多个调查单位和相应的项目按次序登记在一张表格里的调查表。它便于合计和核对差错,但一般要在调查项目不多时采用。

4. 确定调查时间和调查期限

调查时间是调查资料的所属时间。调查时间可以是某个时段,也可以是某个时点。调查期限是进行调查工作所要经历的时间,如第五次全国人口普查,因为人口数量是时点,所以规定的标准调查时点是 2000 年 11 月 1 日零时。

5. 制订调查的组织实施计划

为了保证整个统计调查工作顺利进行,在调查方案中还应该有一个考虑周密的组织实施计划。其主要内容应包括:调查工作的领导机构和办事机构;调查人员的组织;调查资料报送方法;调查前的准备工作,包括宣传教育、干部培训、调查文件的准备;调查经费的预算和开支办法;调查方案的传达布置、试点及其他工作等。

练习 4. 2

1. 为了调查某药厂生产的阿司匹林的质量,从该厂生产的 10000 盒阿司匹林中抽取 100 盒进行检测,这里的总体和个体分别是什么?总体容量和样本容量各为多少?

　2. 统计数据的来源渠道有哪些?

　3. 统计数据搜集方案包括哪几项内容?

　4. 简要解释调查对象、调查单位与报告单位的含义及它们之间的联系。

　5. 比较三种非全面调查的特点及应用场合。

4.3　统计数据的整理

4.3.1　统计整理的意义和步骤

1. 统计整理的意义

（1）定义。

统计整理,就是根据统计研究的目的,对所搜集到的资料进行科学的加工,使之系统化、条理化的工作过程。统计整理即包括对统计调查所得到的原始资料进行整理,也包括对加工过的综合资料,即次级资料进行再整理。

（2）意义。

统计整理在整个统计研究中占有重要的地位。统计整理的正确与否,将直接影响和决定着能否完成整个统计研究的任务。如果采用不科学不完整的整理方法,即使搜集到准确、全面的统计资料,也往往使这些资料失去应用价值,掩盖客观现象的本质,难以得出正确的结论。因此,必须十分重视统计整理工作。

2. 统计整理的步骤

第1步,设计和制定统计整理方案;

第2步,对原始资料进行审核;

第3步,对经过审核的资料进行分组,并结合汇总计算出总体总量指标;

第4步,将汇总计算的结果,以统计表或统计图的形式呈现出来;

第5步,对统计资料妥善保存,系统积累。

4.3.2　统计分组

1. 统计分组的概念

统计分组就是根据统计研究的需要,将统计总体按照一定的标志分为若干个组成部分的一种统计方法。例如,将某一班级的全体同学按照性别划分为男、女两个组;对某市 100 家大型零售商店按照零售额、职工人数进行分组等。

统计分组具有两个方面的含义:① 对总体而言,是"分",即将同质总体区分为性质有别的不同组成部分;② 对总体单位而言,它是"组",即将性质相同或相近的不同总体单位组合在一起,构成一个组。

例如,要了解我国人口状况,只知道总人口数量是不够的,而应将人口总体按照年龄、性别、民族、城乡、文化程度等分组,才能进一步深入地了解我国人口总体的年龄结构、性别比例、民族构成等。

2. 统计分组的作用

统计分组的作用有:① 区分现象的不同类型;② 研究总体的内部结构;③ 分析现象间的依存关系。

3. 统计分组的方法

统计分组的关键问题是正确地选择分组标志与划分各组界限。前者主要是指品质标志分组,后者主要是指数量标志分组。

(1) 分组标志选择的原则。

① 要选择能够反映事物本质或主要特征的标志;

② 应根据研究的目的与任务选择分组标志;

③ 根据现象所处的历史条件的变化选择分组标志。

(2) 统计分组的方法。

① 按品质标志分组。按照品质标志分组就是用反映事物的属性、性质的标志作为分组标志,就可以将总体单位划分为若干性质不同的组成部分。例如,人口按性别、文化程度、民族、籍贯等标志分组;企业按经济类型、轻重工业、隶属关系、企业规模等标志分组等。

② 按数量标志分组。按数量标志分组就是用反映事物数量差异的标志作为分组标志,将总体各单位划分为若干个组。例如,地区经济按国内生产总值

分组、企业按销售收入分组等。

4. 统计分组体系

分组体系有下列形式:

(1) 简单分组与平行分组体系。

将社会经济总体只选择一个标志分组称为简单分组。对同一总体选择两个或两个以上的标志分别进行简单分组,排列起来,即成为平行分组体系。

(2) 复合分组与复合分组体系。

复合分组是用两个或两个以上分组标志重叠起来对总体进行的分组。例如,将人口先按"性别"分成男、女两组,然后在男性和女性两组中分别按照"文化程度"划分为大学生及大学以上、高中、初中、文盲及半文盲 5 组。

多个复合分组组成的体系形成了复合分组体系。例如,为了认识我国高等院校在校学生的基本状况,可以同时选择学科、本科或专科、性别三个标志进行复合分组。

4.3.3　分配数列

1. 分配数列的概念与种类

定义 4.1　在统计分组的基础上,总体中的所有单位按其所属的组别归类整理,并且按照一定的顺序排列,形成总体单位数在各组分布的一系列数字,称为**分配数列**,又称**频数分配**或**频数分布**。

分配数列中,分布在各个组的总体单位数叫**次数**,又称**频数**。

如果将分组标志序列与各组相对应的频率按照一定的顺序排列,就形成**频率分布数列**。

分配数列有两个组成要求:一个是分组;另一个是频数或比率。根据分组标志的性质不同,分配数列可分为**品质数列**与**变量数列**。

(1) 品质数列。

品质数列是按品质标志分组的数列,用来观察总体单位中不同属性的单位分布情况,例如表 4-1。

表 4-1　2000 年我国人口性别构成情况

人口性别分组	人口数(万人)	占人口的比重(%)
男	65355	51.63
女	61228	48.37
合计	126583	100
(分组名称)	(频数)	(频率)

品质数列的编制比较简单,但要注意分组时,应包括分组标志的所有表现,不能有遗漏,各种表现相互独立,不得相融。

(2) 变量数列。

变量数列是将总体按数量标志分组,将分组后形成的各组变量值与该组中所分配的单位次数或频数,按照一定的顺序相对应排列所形成的分配数列,例如表 4-2。

表 4-2　某班级统计学成绩分布表

考试分数	人数(人)	频率(%)
60 以下	2	20.0
60~70	7	30.0
70~80	11	27.0
80~90	12	17.0
90~100	8	5.0
合计	40	100.0
(各组变量值)	(频数)	(频率)

在组距式变量数列中,需要明确以下概念:

① 组限。组距式变量数列中,每组区间两端的极值称组限。每一组的两个组限中,较大者叫上限,较小者叫下限,如果各组的组限都齐全,成为闭口组;组限不齐全,即最小组缺下限或最大组缺上限,称为开口组。

② 组距。每组下限与上限之间的距离为组距,即:组距 = 上限 − 下限。

③ 组中值。组中值 $= \dfrac{上限 + 下限}{2}$。

对于开口组中值的计算可以利用如下公式：

$$无下限组的组中值 = 上限 - \frac{邻组组距}{2},$$

$$无上限组的组中值 = 下限 + \frac{邻组组距}{2}。$$

2. 变量数列的编制

（1）单项式变量数列的编制。

所谓的单项式变量数列即按每个变量值分别列组形成的数列。如表 4-3 即是以"日产量"这一变量而编制的。

表 4-3　某工厂生产车间工人按日产量分布

日产量	工人数	比率（%）
20	3	10.0
21	7	23.3
22	10	33.3
23	6	20.1
24	4	13.3
合计	30	100.0
（各组变量值）	（频数）	（频率）

单项式变量数列的编制比较明确、容易。但是用连续变量（或虽是离散变量，但数值很多，变化范围很大）分组来编制分配数列时，单项数列就不能适用，而应考虑采用组距数列的形式。

（2）组距变量数列的编制。

以下举例说明：

例 1　对某企业 30 个工人完成劳动定额的情况进行调查，某原始资料如下（%）：

```
98   81   95   84   93   86   91   102  100  103
105  100  104  108  107  108  106  109  112  114
109  117  125  115  120  119  118  116  129  113
```

第 1 步：计算全距。

将各变量值由小到大排序,确定某最大值,最小值,并计算全距。变量的最大值是 129%,最小值是 81%,从而

$$全距 = 最大值 - 最小值 = 129\% - 81\% = 48\%。$$

第 2 步:确定组数和组距。

在等距分组时,组距与组数的关系是:

$$组距 = \frac{全距}{组数}。$$

本例中根据一般情况将成绩分成优、良、中、及格和不及格的五档评分习惯,可以先确定组数为 5。在等距分组时,计算组距如下:

$$组距 = \frac{48\%}{5} = 9.6\%。$$

为了符合习惯和计算方便,组距近似地取 10%。

第 3 步:确定组限。

关于组限的确定,应注意如下几点:

① 最小组的下限(起点值)应低于最小变量值,最大组的上限(终点值)应高于最大变量值。

② 组限的确定应有利于表现出总体分布的特点,应反映出事物质的变化。

③ 为了方便计算组限应尽可能取整数,最好是 5 或 10 的整倍数。

④ 由于变量有连续型变量和离散型变量两种,其组限的确定方法是不同的。

第 4 步:编制频数(频率)分布表如表 4-4 所示。

表 4-4　某企业 30 个工人劳动定额完成情况分布图表

劳动定额完成程度(%)	频数(人)	频数(%)
80 ～ 90	3	10.0
90 ～ 100	4	13.3
100 ～ 110	12	40.0
110 ～ 120	8	26.7
120 ～ 130	3	10.0
合计	30	100.0

第 5 步：计算累计频数和累计频率。

为了更详细地认识变量的分布特征，还可以计算累计频数和累计频率，编制累计频数和累计频率数列。累计频数和累计频率有向上累计频数（频率）和向下累计频数（频率）两种。

以变量值大小为依据，由变量值小的组向变量值大的组累计频数和频率，称为向上累计频数和向上累计频率。

向上累计数的意义是：小于各组的该组上限的各组的频数或频率之和。

相反，由变量值大的组向变量值小的组累计各组的频数或频率，称为向下累计频数或向下累计频率。

向下累计数的意义是：大于及等于该组下限的各组的频数或频率之和。

根据某企业工人完成劳动定额的资料编制的向上累计频数（频率）和向下累计频数（频率）分布如表 4-5 所示。

表 4-5　某企业工人完成劳动定额累计分布表

劳动定额完成情况（％）	频数（人）	频率（％）	向上累计		向下累计	
			频数（人）	频率（％）	频数（人）	频率（％）
80～90	3	10.0	3	10.0	30	100.0
90～100	4	13.3	7	23.3	27	90.0
100～110	12	40.0	19	63.3	23	76.7
110～120	8	26.7	27	90.0	11	36.7
120～130	3	10.0	30	100.0	3	10.0
合计	30	10.0	—	—	—	—

练习 4.3

1. 何谓统计分组？统计分组应遵循的基本原则是什么？
2. 说明组距、组限、组数、全距与组中值的含义及它们的计算方法。
3. 统计整理及其意义。
4. 品质型数据的显示方法主要有哪些？
5. 数值型数据的显示方法主要有哪些？

6. 公司连续 40 天的商品销售额如表 4-6 所示(单位:万元):

表 4-6

41	25	29	47	38	34	30	38	43	40
46	36	45	37	37	36	45	43	33	44
35	28	46	34	30	37	44	26	38	44
42	36	37	37	49	39	42	32	36	35

根据上面的数据进行适当的分组,编制频数分布表,并绘制直方图。

4.4　统计表和统计图

4.4.1　统计表

1. 统计表的概念和结构

(1) 概念。

统计表是表现统计资料的一种形式。把经过大量调查得来的统计资料,经过汇总整理以后,按照一定的规定和要求填列在相应的表格内,就形成了一定的统计表。

(2) 作用。

统计表对表现统计资料具有重要作用。统计表是统计整理的重要形式。它利用表格形式,合理地安排统计资料,清晰、简明地反映出现象总体的特征。统计表通过科学、合理地表现统计资料,便于对统计资料进行对照比较和分析,有利于计算统计分析指标。在统计分析报告中使用统计表,能节省文字叙述篇幅,达到简明易懂、紧凑有力的分析效果。统计表还是汇总和积累统计资料,进行统计分析的重要工具。

(3) 结构。

从外表形式上看,统计表由四部分构成:①总标题。它是表的名称,用于概括统计表中要说明的内容。②横行标题。它是各组的名称,反映总体各组成部分。③纵栏标题。它是分组标志或指标的名称,说明纵行所列各项资料的内容。

④指标数值。也称数字资料,它是统计表的具体内容。

从统计表的内容来看,它由主词和宾词两个部分组成。主词是统计表所说明的总体、总体的各组或各组的名称。宾词是用于说明主词的各种指标。通常,统计表的主词列在表的左方,宾词列在表的右方。

2. 统计表的种类

统计表中分单式统计表和复式统计表两种,单式统计表统计的项目单一,复式统计表统计的项目则较为复杂。

单式统计表是只对某一项目的数量进行统计的表格,例如表 4-7 为一般的单式统计表。

表 4-7　ＸＸ 小学各年级人数统计表(统计时间:2016 年 9 月)

年级	合计	一年级	二年级	三年级	四年级	五年级	六年级
人数	970	160	158	180	175	155	142

复式统计表是统计项目在两个或两个以上的统计表格。复式统计表也叫复合统计表,如果统计表中又含有百分数项目的,也叫作复式的百分数统计表。表 4-8 和表 4-9 为一般的复式统计表:

表 4-8　ＸＸ 小学各年级男、女生人数统计表(统计时间:2016 年 9 月)

人数　　性别 年级	合计	男生	女生
总计	970	488	482
一年级	160	82	78
二年级	158	80	78
三年级	180	86	94
四年级	175	88	87
五年级	155	80	75
六年级	142	72	70

表 4-9　某县农科站 2016 年培育水稻良种田统计表

公亩数　　项目　站别	水稻良种	其中杂交水稻	杂交水稻公亩数占水稻良种公亩数的百分数
合　计	1032	426	41.3％
西河农科站	180	54	30％
东河农科站	234	84	35.9％
田庄农科站	282	120	42.6％
黄村农科站	336	138	50％

4.4.2　统计图

1. 统计图的概念

统计图是以图形形象地表现统计资料的一种形式。用统计图表现统计资料,具有鲜明醒目、富于表现、易于理解的特点,因而绘制统计图是统计整理的重要内容之一。

统计图可以揭示现象的内部结构和依存关系,显示现象的发展趋势和分布状况,有利于进行统计分析与研究。

2. 统计图的种类

常用的统计图主要有条形图、面积图、曲线图、象形图等。

(1) 条形图。

条形图可用于显示离散型变量的次数分布。最主要是显示顺序数据和分类数据的频数分布。条形图是用宽度相同的条形的高度或长短来表示数据的多少的统计图。条形图可以横置或纵置,纵置时也称为柱形图。此外,条形图有单式、复式等形式。

在表示分类数据的分布时,用条形图的高度或长度来表示各类别数据的频数或频率。绘制时,各类别可以放在纵轴,称为条形图;也可以放在横轴,称为柱形图,如图 4-1 所示。条形图用于显示离散型变量的频数分布,用条形的高度来表示变量值的大小,如图 4-2 所示。

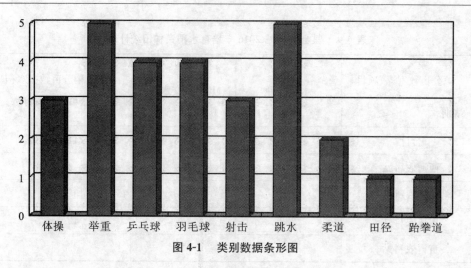

图 4-1　类别数据条形图

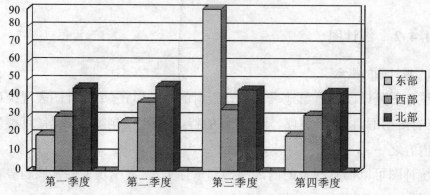

图 4-2　离散型变量次数分布条形图

　　绘制条形图应注意以下几个问题:①在图形中条形的宽度、条形之间距离要相等;②图形上的尺度必须以 x 轴或 y 轴为等线;③图形中要注明相应的数字;④各条形的排列应有一定的顺序,如比较现象在时间上的变动时,条形应按时间顺序排列。

　　(2) 直方图和折线图。

　　直方图是用矩形的宽度和高度(即面积)来表示频数分布的图形。在平面直角坐标系中,用横轴表示数据分组,纵轴表示频数或频率,这样,各组与相应的频数就形成了一个矩形,即直方图。在直方图中,实际上是用矩形的面积来表示各组的频数分布。在直方图基础上添加趋势线,形成折线图。直方图和折线图用于显示连续型变量的次数分布。例如根据表 4-10 资料绘制的直方图(图 4-3) 和折线图(图 4-4)。

表 4-10　某生产车间 50 名工人日加工零件数原始资料（单位:个）

117	122	124	129	139	107	117	130	122	125
108	131	125	117	122	133	126	122	118	108
110	118	123	126	133	134	127	123	118	112
112	134	127	123	119	113	120	123	127	135
137	114	120	128	124	115	139	128	124	121

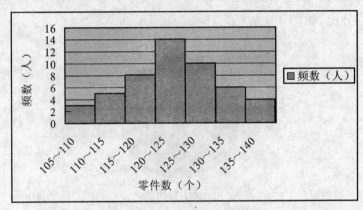

图 4-3　某生产车间 50 名工人日加工零件频数分布直方图

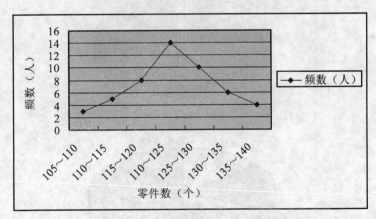

图 4-4　某生产车间 50 名工人日加工零件频数分布折线图

　　直方图与条形图不同。首先,条形图是用条形的长度（横置时）表示各类别频数的多少,其宽度（表示类别）则是固定的;直方图是用面积表示各组频数的多少,矩形的高度表示每一组的频数或频率,宽度则表示各组的组距,因此,其高度与宽度均有意义。其次,由于分组数据具有连续性,直方图的各矩形通常是连续排列,而条形图则是分开排列。最后,条形图主要用于展示分类数据,而直方图主要用于展示数值型数据。

(3) 圆形图(饼图)。

圆形图用于显示定类变量的次数分布,它是用圆形及圆内扇形的面积来表示数值大小的统计图。饼图主要用于表示总体中各组成部分所占的比例,对于研究结构性问题十分有用。在绘制饼图时,总体中各部分所占的百分比用圆内的各个扇形面积表示,这些扇形的中心角度等于 360° 乘以总体中各部分所占总体的百分比,如图 4-5 的(a)、(b)、(c) 所示。

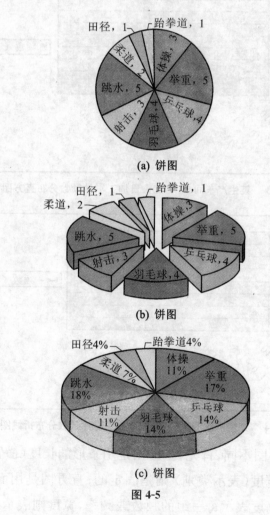

(a) 饼图

(b) 饼图

(c) 饼图

图 4-5

（4）环形图。

环形图与饼图类似，但又有区别。环形图中间有一个"空洞"，总体或样本中的每一部分数据用环中的一段表示。饼图只能显示一个总体和样本各部分所占的比例，而环形图则可以同时绘制多个总体或样本的数据系列，每一个总体或样本的数据系列为一个环。因此环形图可显示多个总体或样本各部分所占的相应比例，从而有利于我们进行比较研究。例如根据表 4-11、表 4-12 资料绘制成的环形图，如图 4-6 所示。

表 4-11　甲城市家庭对住房状况满意程度的频数分布

甲城市						
满意程度	户数（户）	百分比（%）	向上累积		向下累积	
			户数（户）	百分比（%）	户数（户）	百分比（%）
非常不满意	24	8	24	8	300	100
不满意	108	36	132	44	276	92
一般	93	31	225	75	168	56
满意	45	15	270	90	75	25
非常满意	30	10	300	100	30	10
合计	300	100	—	—	—	—

表 4-12　乙城市家庭对住房状况满意程度的频数分布

乙城市						
满意程度	户数（户）	百分比（%）	向上累积		向下累积	
			户数（户）	百分比（%）	户数（户）	百分比（%）
非常不满意	21	7	21	7	300	100
不满意	99	33	120	40	279	93
一般	78	26	198	66	180	60
满意	64	21.3	262	87.3	102	34
非常满意	38	12.7	300	100	38	12.7
合计	300	100	—	—	—	—

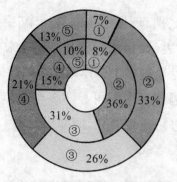

图 4-6　环形图

（5）线图。

　　线图是在平面坐标上用折线表现数量变化特征和规律的图形。主要用于显示连续型变量的次数分布和现象的动态变化。例如，根据表 4-12 资料绘制成的乙城市家庭对住房状况的评价线图，如图 4-7(a)、(b) 所示。

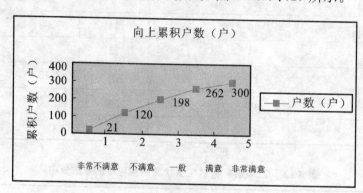

图 4-7(a)　乙城市向上累积频数分布图

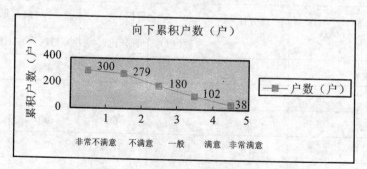

图 4-7(b)　乙城市向下累计频数分布图

（6）散点图。

主要用来观察变量间的相关关系，也可显示数量随时间的变化情况，如图 4-8 所示。

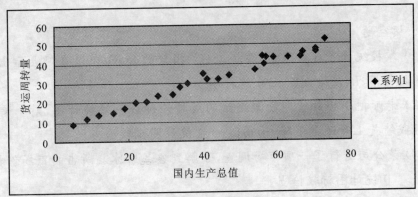

图 4-8　散点图

（7）茎叶图。

茎叶图也是用来表示数据分布的一种方法。茎叶图既可以用于分析单组数据，也可以用于对两组数据进行比较分析。将所有两位数的十位数字作为"茎"，个位数字作为"叶"，相同者共用一个茎，茎按从小到大的顺序从上向下列出，共茎的叶一般按从大到小（或从小到大）的顺序同行列出。

例 1　下面一组数据是某生产车间 30 名工人某日加工零件的个数。请设计适当的茎叶图表示这组数据。

134	112	117	126	128	124	122	116	113	107
116	132	127	128	126	121	120	118	108	110
133	130	124	116	117	123	122	120	112	112

解　以百位和十位两位数字为茎，作出茎叶图，如图 4-9 所示。

百位	十位		个位
1	0		7 8
1	1		0 2 2 2 3 6 6 6 7 7 8
1	2		0 0 1 2 2 3 4 4 6 6 7 8 8
1	3		0 2 3 4

图 4-9

茎叶图只便于表示有两位有效数字的数据，而且茎叶图只方便记录两组的数据，两组以上的数据虽然能够记录，但是没有表示两个记录那么直观、清晰。当然,当样本数据很多时,即使是表示有两位有效数字的数据,茎叶图的效果也不是很好了。

练习 4.4

1. 填空题。

(1) 学校统计了各班级为"希望工程"捐款的金额,为了直观表示出各班捐款的数量情况,应绘制( )统计图。

(2) 老师把小明每学期数学测试的成绩绘制成一幅统计图,看一看小明的学习成绩是上升还是下降,选用( )统计图比较恰当。

(3) 某公司进行了一项市场调查,了解到各品牌冰箱所占的市场份额,绘制成( )统计图标较恰当。

2. 判断题。

(1) 条形统计图只能表示数量的多少。( )

(2) 只有扇形统计图才能体现整体与部分的关系。( )

(3) 折线统计图只能表示数据的变化趋势,不能体现数据的多少。( )

(4) 用折线统计图分析股票的行情走势比较恰当。( )

3. 选择题。

(1) 某工厂要反映 4、5、6 月份产量的增长变化情况,应绘制( )。

A. 条形　　　　　　　　B. 折线　　　　　　　　C. 扇形

(2) 要反映儿童食品中各种营养成分的含量,最好选用( )统计图。

A. 条形　　　　　　　　B. 折线　　　　　　　　C. 扇形

(3) 要表示水果超市各种水果的销售量,应选用( )统计图。

A. 条形　　　　　　　　B. 折线　　　　　　　　C. 扇形

4.5　数据分布集中趋势的测定

4.5.1　众数

众数(Mode)是指一组数据中出现次数最多的变量值,用 M_o 表示。从变量分布的角度看,众数是具有明显集中趋势点的数值,一组数据分布的最高峰点所对应的数值即为众数。当然,如果数据的分布没有明显的集中趋势或最高峰点,众数也可以不存在;如果有多个高峰点,也就有多个众数。

根据未分组数据或单变量值分组数据计算众数时,我们只需找出出现次数最多的变量值即为众数。对于组距分组数据,众数的数值与其相邻两组的频数分布有一定的关系,这种关系可做如下理解:

设众数组的频数为 f_m,众数前一组的频数为 f_{-1},众数后一组的频数为 f_{+1}。当众数相邻两组的频数相等时,众数组的组中值即为众数;当众数组前一组的频数多于众数组后一组的频数时,即 $f_{-1} > f_{+1}$,则众数会向其前一组靠,众数小于其组中值;当众数组后一组的频数多于众数组前一组的频数时,即 $f_{-1} < f_{+1}$,则众数会向其后一组靠,众数大于其组中值。基于这种思路,借助于几何图形而导出的分组数据众数的计算公式如下:

下限公式:

$$M_o = L + \frac{f_m - f_{-1}}{(f_m - f_{-1}) + (f_m - f_{+1})} \times d,$$

上限公式:

$$M_o = U - \frac{f_m - f_{+1}}{(f_m - f_{-1}) + (f_m - f_{+1})} \times d,$$

式中,L 表示众数所在组的下限,U 表示众数所在组的上限,d 表示众数所在组的组距。

例 1 利用表 4-13 中的资料计算 3000 户农民家庭年人均收入的众数。

表 4-13 某地区农民家庭收入资料

按年人均收入分组 X(元)	农民家庭数 F(户)	向上累计频数 S_1	向下累计频数 S_2
1000 ~ 1200	240	240	3000
1200 ~ 1400	480	720	2760
1400 ~ 1600	1050	1770	2280
1600 ~ 1800	600	2370	1230
1800 ~ 2000	270	2640	630

按年人均收入分组 X(元)	农民家庭数 F(户)	向上累计频数 S_1	向下累计频数 S_2
2000 ~ 2200	210	2850	360
2200 ~ 2400	120	2970	150
2400 ~ 2600	30	3000	30
合计	3000	—	—

从表 4-13 中的数据可以看出,出现频数最多的是 1050,即众数组为 1400 ~ 1600 这一组,$f_m = 1050$,$f_{-1} = 480$,$f_{+1} = 600$,根据下限公式可得众数为

$$M_o = 1400 + \frac{1050 - 480}{(1050 - 480) + (1050 - 600)} \times 200$$

$$= 1511.8(元)。$$

利用上述公式计算众数时是假定数据分布具有明显的集中趋势,且众数组的频数在该组内是均匀分布的,若这些假定不成立,则众数的代表性就会很差。从众数的计算公式可以看出,众数是根据众数组及相邻组的频率分布信息来确定数据中心点位置的,因此,众数是一个位置代表值,它不受数据中极端值的影响。

4.5.2　中位数

中位数是将总体各单位标志值按大小顺序排列后,处于中间位置的那个数值,用 M_e 表示。根据未分组资料和分组资料都可确定中位数。

(1) 对于未分组的原始资料,首先必须将标志值按大小排序。设排序的结果为

$$x_1 \leqslant x_2 \leqslant x_3 \leqslant \cdots \leqslant x_n,$$

则中位数就可以按下面的方式确定:

当 n 为奇数时,

$$M_e = \frac{x_{n+1}}{2};$$

当 n 为偶数时,

$$M_e = \frac{x_{\frac{n}{2}} + x_{\frac{n}{2}+1}}{2}。$$

(2) 对于单项式变量数列资料,由于变量值以及序列化,故中位数可以直接按下面的方式确定:

当 $\sum f$ 为奇数时,

$$M_e = x_{\frac{\sum f+1}{2}};$$

当 $\sum f$ 为偶数时,

$$M_e = \frac{x_{\frac{\sum f}{2}} + x_{\frac{\sum f}{2}+1}}{2}。$$

4.5.3　算术平均数

算术平均数(Arithmetic mean) 也称为均值(Mean value),是全部数据算术平均的结果。算术平均法是计算平均指标最基本、最常用的方法。计算公式为

$$算术平均数 = \frac{总体标志总量}{总体单位总量}。$$

在很多社会经济现象中,总体标志总量常常是总体单位变量值的算术总和。例如,工人工资总额是总体中每个工人工资的总和,某地区小麦总产量是所有耕地小麦产量的总和。在总体标志总量和总体单位总量的基础上,就可以计算平均指标。

算术平均数在统计学中具有重要的地位,是集中趋势的最主要度量值,通常用 $\bar{x}$(读作 x-bar) 表示。根据所掌握数据形式的不同,算术平均数有简单算术平均数和加权算术平均数两种。

1. 简单算术平均数

未经分组整理的原始数据,其简单算术平均数(Simple arithmetic mean)的计算就是直接将一组数据的各个数值相加除以数值个数。设统计数据为 $x_1, x_2, \cdots, x_n$,则简单算术平均数 $\bar{x}$ 的计算公式为

$$\bar{x} = \frac{x_1 + x_2 + \cdots + x_n}{n} = \frac{\sum_{i=1}^{n} x_i}{n}。$$

例 2　某班级 40 名同学统计学的考试成绩原始资料如表 4-14 所示。

表 4-14　40 名同学统计学原始成绩

64	70	89	64	56	95	98	79	88	88
78	89	60	78	68	79	79	95	68	60
78	89	99	36	75	84	78	64	78	85
85	79	70	84	68	75	89	75	78	75

该班 40 名同学统计学的平均成绩为

$$\bar{x} = \frac{64 + 70 + \cdots + 78 + 75}{40} = \frac{3089}{40} = 77.23(\text{分})。$$

2. 加权算术平均数

根据分组整理的数据计算算术平均数,就要以各组变量值出现的次数或频数为权数计算加权算术平均数(Weighted arithmetic mean)。设原始数据被分成 k 组,各组的变量值为 $x_1, x_2, \cdots, x_k$,各组变量值的次数或频数分别为 $f_1, f_2, \cdots, f_k$,则加权算术平均数为

$$\bar{x} = \frac{x_1 f_1 + x_2 f_2 + \cdots + x_k f_k}{f_1 + f_2 + \cdots + f_k} = \frac{\sum\limits_{i=1}^{k} x_i f_i}{\sum\limits_{i=1}^{k} f_i}。$$

例 3　根据表 4-14 提供的 40 名同学的统计学成绩原始资料分组整理如表 4-15,根据此表资料利用加权算术平均数公式计算平均成绩。

表 4-15　40 名同学统计学成绩汇总表

成绩(分)	频数 f_i	组中值 x_i	$x_i f_i$
60 以下	2	55	110
60 ~ 70	8	65	520
70 ~ 80	16	75	1200
80 ~ 90	10	85	850
90 ~ 100	4	95	380
合计	40	—	3060

由表 4-15,得

$$\overline{x} = \frac{\sum\limits_{i=1}^{k} x_i f_i}{\sum\limits_{i=1}^{k} f_i} = \frac{3060}{40} = 76.5。$$

根据上式计算的平均成绩是 76.5 分,而与根据简单算术平均数计算公式计算的平均成绩 77.23 分相比,相差 0.73 分,显然 77.23 分是准确的平均成绩,因为简单算术平均数计算公式所用的是原始数据的全部信息。而上式是用各组的组中值代表各组的实际数据,使用代表值时是假定各组数据在各组中是均匀分布的,但实际情况与这一假定会有一定的偏差,使得利用分组资料计算的平均数与实际的平均值会产生误差,它是实际平均值的近似值。

加权算术平均数其数值的大小,不仅受各组变量值大小的影响,而且受各组变量值出现的频数即权数大小的影响。如果某一组的权数大,说明该组的数据较多,那么该组数据的大小对算术平均数的影响就越大,反之,则越小。实际上,我们将上式变形为下面的形式,就能更清楚地看出这一点。

$$\overline{x} = \frac{\sum\limits_{i=1}^{k} x_i f_i}{\sum\limits_{i=1}^{k} f_i} = \sum\limits_{i=1}^{k} x_i \frac{f_i}{\sum\limits_{i=1}^{k} f_i}。$$

由上式可以清楚地看出,加权算术平均数受各组变量值和各组权数大小的影响。频率越大,相应的变量值计入平均数的份额也越大,对平均数的影响就越大;反之,频率越小,相应的变量值计入平均数的份额也越小,对平均数的影响就越小。这就是权数权衡轻重作用的实质。

在实际生活中,我们也会经常遇到由相对数计算平均数的情况。一般来说,求相对数的平均数应采用加权平均的方法,此时,用于加权平均的权数不再是频数或频率,而应根据相对数的含义,选择适当的权数。下面举一个实例说明。

例 4　某公司所属 10 个企业资金利润率分组资料如表 4-16 所示,计算该公司 10 个企业的平均利润率。

表 4-16　某公司所属 10 个企业资金利润率分组资料

资金利润率(%)x_i	企业数 n_i	资金总额(万元)f_i	利润总额(万元)x_if_i
5	4	40	2
10	3	80	8
15	3	140	21
合计	10	260	31

　　该例子的平均对象是各企业的资金利润率,表中的企业数虽然是次数或频数,但却不是合适的权数。要正确计算公司 10 个企业的平均资金利润率,因为

$$资金利润率 = \frac{利润总额}{资金总额},$$

所以计算平均资金利润率需要以资金总额为权数,才能符合该指标的性质。因此,该公司 10 个企业的平均利润率为

$$\overline{x} = \frac{\sum\limits_{i=1}^{k} x_if_i}{\sum\limits_{i=1}^{k} f_i} = \frac{5\% \times 40 + 10\% \times 80 + 15\% \times 140}{40 + 80 + 140} = \frac{31}{260} = 11.9\%。$$

　　算术平均数在统计学中具有重要的地位,它是进行统计分析和统计推断的基础。从统计思想上看,算术平均数是一组数据的重心所在,它是消除了一些随机因素影响后或者数据误差相互抵消后的必然性的结果。例如每年分季度的观测数据,各年同季的数据由于受一些偶然性随机因素的影响,其数值表现出一定的差异性,但将各年同季的数据加以平均,计算的算术平均数就消除了一些随机因素的影响,反映出季节变动必然性的数量特征。再如,对同一事物进行多次测量,由于测量误差所致,或者其他因素的偶然影响,使得测量结果不一致,但利用算术平均数作为其代表值,则可以使误差相互抵消,反映出事物固有的数量特征。

练习 4. 5

1. 今年体育学业考试增加了跳绳测试项目,下面是测试时记录员记录的一组(10 名)同学的测试成绩(单位:个 / 分钟)。

　　　　176　180　184　180　170　176　172　164　186　180

计算该组数据的众数、中位数、平均数。

2. 下面是北方某城市连续 66 天各天气温的记录数据:

−3	2	−4	−7	−11	−1	7	8	9	−6	−7
−14	−18	−15	−9	−6	−1	0	5	−4	−9	−3
−6	−8	−12	−16	−19	−15	−22	−25	−24	−19	−21
−8	−6	−15	−11	−12	−19	−25	−24	−18	−17	24
−14	−22	−13	−9	−6	0	−1	5	−4	−9	−3
−3	2	−4	−4	−16	−1	7	5	−6	−5	−4

(1) 指出上面的数据属于什么类型;

(2) 对上面的数据进行适当的分组;

(3) 计算该组数据的众数、中位数、平均数。

4. 6   数据分布离散趋势的测定

平均指标是统计总体中各单位某一数量标志的一般水平,反映了总体分布的集中趋势。集中趋势只是数据分布的一个特征,它所反映的是各变量值向其中心值聚集的程度。而这种聚集的程度显然有强弱之分,这与各变量值的差异有着密切的联系。变量值的差异越大,数值的集中趋势越弱,变量值的差异越小,数据的集中趋势越强。因此,要全面描述数据的分布特征,除了要对数据集中趋势加以度量外,还要对数据的差异程度进行度量。数据的差异程度就是各变量值远离其中心值的程度,因此也称为离中趋势。

1. 变异指标的概念

在统计研究中,通常把一组数值之间的差异程度叫作标志变动度。测定标志变动度大小的指标叫作标志变异指标。标志变动度与标志变异指标在数值上成正比。如果说平均指标说明总体分布的集中趋势的话,标志变异指标则说明总体分布的离中趋势。

2. 变异指标的作用

变异指标是描述数据分布的一个很重要的特征值,因此,它在统计分析、统计推断中具有很重要的作用。具体可以概括为以下几点:

(1)反映总体各单位变量值分布的均衡性。一般来说,标志变异指标数值越大,总体各单位变量值分布的离散趋势越高、均衡性越低,反之,变量值分布的离散趋势越低、均衡性就越高。

(2)判断平均指标对总体各单位变量值代表性的高低。平均指标作为总体各单位某一数量标志的代表值,其代表性的高低与总体差异程度有直接关系:总体的标志变异指标越大,平均数的代表性越低;反之,标志变异指标值越小,平均数代表性越高;另一方面,平均指标代表性的高低同总体各单位变量值分布的均衡性也有直接关系:总体各单位变量值分布的均衡性越高,平均指标代表性就越高;反之,总体各单位变量值分布的均衡性越低,平均指标代表性就越低。

(3)在实际工作中,借助标志变异指标还可以对社会经济活动过程的节奏性和均衡性进行评价。

(4)标志变异指标是衡量风险大小的重要指标。

3. 变异指标的类型

根据所依据数据类型的不同,变异指标有异众比率、全距、平均差、方差、标准差和离散系数等。

(1)异众比率。

非众数组的频数占总频数的比率称为**异众比率**(Variation ratio),用 V_r 表示。

异众比率的计算公式为

$$V_r = \frac{\sum f_i - f_m}{\sum f_i} = 1 - \frac{f_m}{\sum f_i},$$

式中 $\sum f_i$ 为变量值的总频数,f_m 为众数组的频数。

异众比率的作用是衡量众数对一组数据的代表性程度的指标。异众比率越大,说明非众数组的频数占总频数的比重就越大,众数的代表性就越差;反之,异众比率越小,众数的代表性就越好。异众比率主要用于测度分类数据的离散程度,当然,对于顺序数据也可以计算异众比率。

例 1 一家市场调查公司为研究不同品牌饮料的市场占有率,对随机抽取的一家超市进行了调查。调查员在某天对 50 名顾客购买饮料的品牌进行了记录。整理得不同品牌饮料的频数分布资料如表 4-17 所示,要求根据资料计算异众比率。

表 4-17 50 名顾客购买饮料统计表

饮料品牌	频数	比例	百分比(%)
可口可乐	15	0.30	30
旭日升冰茶	11	0.22	22
百事可乐	9	0.18	18
汇源果汁	6	0.12	12
雪碧	9	0.18	18
合计	50	1.00	100

解

$$V_r = \frac{\sum f_i - f_m}{\sum f_i} = 1 - \frac{f_m}{\sum f_i} = \frac{50 - 15}{50} = 0.7 = 70\%。$$

计算结果说明在所调查的 50 人当中,购买其他品牌饮料的人数占 70%,异众比率比较大。因此,用"可口可乐"来代表消费者购买饮料品牌的状况,其代表性不是很好。

此外,利用异众比率还可以对不同总体或样本的离散程度进行比较。假定我们在另一个超市对同一问题随机抽取了 100 人进行调查,发现购买可口可乐的人数为 40 人,则异众比率为 60%。通过比较可知,本次调查的异众比率小于上一次调查,因此,用"可口可乐"作为消费者购买饮料品牌的代表值比上一次调查要好些。

(2) 全距。

全距又称极差,是一组数据的最大值与最小值之差,用 R 表示。计算公式为

$$R = \max(x_i) - \min(x_i),$$

式中,$\max(x_i)$,$\min(x_i)$ 分别表示为一组数据的最大值与最小值。由于全距是根据一组数据的两个极值表示的,所以全距表明了一组数据数值的变动范围。R 越大,表明数值变动的范围越大,即数列中各变量值差异大;反之,R 越小,表明数值变动的范围越小,即数列中各变量值差异小。

例 2　例 1 给出的 40 个同学统计学的考试成绩,其最高成绩为 99 分,最低成绩为 36 分,则全距为

$$R = 99 - 36 = 63(\text{分})。$$

如果资料经过整理,并形成组距分配数列,则全距可近似表示为

$$R \approx \text{最高组上限值} - \text{最低组下限值}。$$

全距是描述离散程度的最简单度量值,计算简单直观,易于理解,但其数值大小易受极端变量值的影响,且不反映中间变量值的差异,因而不能准确描述出数据的离中程度。

(3) 平均差。

平均差(Average deviation) 是各变量值与其算术平均数离差绝对值的平均数,用 M_D 表示。根据掌握资料的不同,平均差的计算方法也不同,此处我们介绍一下用简单平均法来计算平均差。

对于未分组资料,采用简单平均法。其计算公式为

$$M_D = \frac{\sum\limits_{i=1}^{n} |x_i - \bar{x}|}{n}。$$

例 3　某厂甲、乙两组工人生产某种产品的产量资料如表 4-18 所示。

表 4-18　平均差计算表

甲组			乙组		
生产件数 x	离差 $x-\overline{x}$	离差绝对值 $\|x-\overline{x}\|$	生产件数 x	离差 $x-\overline{x}$	离差绝对值 $\|x-\overline{x}\|$
73	-2	2	50	-25	25
74	-1	1	65	-10	10
75	0	0	70	-5	5
76	1	1	90	15	15
77	2	2	100	25	25
$\sum$	0	6	$\sum$	0	80

根据资料可得

$$\overline{x}_{甲}=\frac{\sum_{i=1}^{n}x_i}{n}=\frac{375}{5}=75(件), M_{D甲}=\frac{\sum_{i=1}^{n}|x_i-\overline{x}|}{n}=\frac{6}{5}=1.2(件);$$

$$\overline{x}_{乙}=\frac{\sum_{i=1}^{n}x_i}{n}=\frac{375}{5}=75(件), M_{DZ}=\frac{\sum_{i=1}^{n}|x_i-\overline{x}|}{n}=\frac{80}{5}=16(件)。$$

从计算结果看,甲、乙两组生产件数相等,但由于甲组的平均差(1.2 件)小于乙组的平均差(16 件),因而其平均数的代表性比乙组大。

平均差计算简便,意义明确,而且平均差是根据所有变量值计算的,因此它能够准确地、全面地反映一组数值的变异程度。但是,由于平均差是用绝对值进行运算的,它不适宜于代数形式处理,所以在实际应用上受到很大的限制。

（4）方差和标准差。

方差(Variance)是各变量值与其算术平均数离差平方的算术平均数。标准差(Standard deviation)是方差的平方根。

方差和标准差同平均差一样,也是根据全部数据计算的,反映每个数据与其算术平均数相比平均相差的数值,因此它能准确地反映出数据的差异程度。

但与平均差不同之处是在计算时的处理方法不同,平均差是取离差的绝对值消除正、负号,而方差、标准差是取离差的平方消除正、负号,这更便于数学上的处理。因此,方差、标准差是实际中应用最广泛的离中程度度量值。由于总体的方差、标准差与样本的方差、标准差在计算上有所区别,因此下面分别加以介绍。

① 总体的方差和标准差。设总体的方差为 σ^2,标准差为 σ,对于未分组整理的原始资料,方差和标准差的计算公式分别为

$$\sigma^2 = \frac{\sum_{i=1}^{N}(X_i - \overline{X})^2}{N},$$

$$\sigma = \sqrt{\frac{\sum_{i=1}^{N}(X_i - \overline{X})^2}{N}}。$$

对于分组数据,方差和标准差的计算公式分别为

$$\sigma^2 = \frac{\sum_{i=1}^{k}(X_i - \overline{X})^2 F_i}{\sum_{i=1}^{k} F_i},$$

$$\sigma = \sqrt{\frac{\sum_{i=1}^{k}(X_i - \overline{X})^2 F_i}{\sum_{i=1}^{k} F_i}}。$$

例 4 某企业 100 名工人的月工资资料如表 4-19 所示。

表 4-19　方差和标准差计算表

按月工资分组(元)	工人数 F_i	组中值 X_i	离差 $X_i - \overline{X}$	离差平方 $(X_i - \overline{X})^2$	离差平方×权数 $(X_i - \overline{X})^2 F_i$
$600 \sim 700$	40	650	19	361	14440
$700 \sim 800$	20	750	119	14161	283220
$800 \sim 900$	5	850	219	47961	239805
$\sum$	105	—	—	—	1061905

$$\sigma^2 = \frac{\sum_{i=1}^{k} (X_i - \overline{X})^2 F_i}{\sum_{i=1}^{k} F_i} = \frac{1061905}{105} = 10113.38(元),$$

$$\sigma = \sqrt{\sigma^2} = \sqrt{10113.38} = 100.57(元)。$$

② 样本的方差和标准差。样本的方差、标准差与总体的方差、标准差在计算上有所差别。总体的方差和标准差在对各个离差平方平均时是除以数据个数或总频数,而样本的方差和标准差在对各个离差平方平均时是用样本数据个数或总频数减 1 去除总离差平方和。$n-1$ 称为自由度。

设样本的方差为 s^2,标准差为 s,对于未分组整理的原始资料,方差和标准差的计算公式分别为

$$S^2 = \frac{\sum_{i=1}^{n} (x_i - \overline{x})^2}{n-1},$$

$$S = \sqrt{\frac{\sum_{i=1}^{n} (x_i - \overline{x})^2}{n-1}}。$$

对于分组数据,方差和标准差的计算公式分别为

$$S^2 = \frac{\sum_{i=1}^{k} (x_i - \overline{x})^2 f_i}{(\sum_{i=1}^{k} f_i) - 1},$$

$$S = \sqrt{\frac{\sum_{i=1}^{k} (x_i - \overline{x})^2 f_i}{(\sum_{i=1}^{k} f_i) - 1}}。$$

(5) 相对离散程度:离散系数。

前面介绍的全距、平均差、方差和标准差都是反映一组数值变异程度的绝对值,其数值的大小,不仅取决于数值的变异程度,而且还与变量值水平的高低、计量单位的不同有关。所以,不宜直接利用上述变异指标对不同水平、不同计量单位的现象进行比较,应当先作无量纲化处理,即将上述的反映数据的绝对差异程度的变异指标转化为反映相对差异程度的指标,然后

再进行对比。

离散系数是反映一组数据相对差异程度的指标,是各变异指标与其算术平均数的比值。离散系数是一个无名数,可以用于比较不同数列的变异程度。离散系数通常用 V 表示,常用的离散系数有平均差系数和标准差系数,其计算公式分别为

$$V_M = \frac{M_D}{\overline{X}} \times 100\%, V_\sigma = \frac{\sigma}{\overline{X}} \times 100\%。$$

例 5 甲、乙两组工人的日平均工资分别为 138.14 元、176 元,标准差分别为 21.32 元、24.67 元。两组工人工资水平离散系数计算如下:

$$V_{\sigma甲} = \frac{21.32}{138.14} \times 100\% = 15.43\%,$$

$$V_{\sigma乙} = \frac{24.67}{176} \times 100\% = 14.02\%。$$

从标准差来看,乙组工人工资水平的标准差比甲组大,但不能断言,乙组平均工资的代表性小。这是因为两组工人的工资水平处在不同的水平上,所以不能直接根据标准差的大小做结论。而正确的方法要用消除了数列水平的离散系数比较。从两组的离散系数可以看出,甲组相对的变异程度大于乙组,因而乙组平均工资的代表性要大。

练习 4.6

1. 某校从甲、乙两名优秀选手中选一名选手参加全市中学生田径百米比赛(100 米纪录为 12.2 秒,通常情况下成绩为 12.5 秒可获冠军)。该校预先对这两名选手测试了 8 次,测试成绩如表 4-20 所示。

表 4-20

	1	2	3	4	5	6	7	8
选手甲的成绩(秒)	12.1	12.4	12.8	12.5	13	12.6	12.4	12.2
选手乙的成绩(秒)	12	11.9	12.8	13	13.2	12.8	11.8	12.5

根据测试成绩,请你运用所学过的统计知识做出判断,派哪一位选手参加比赛

更好?为什么?

2. 在某地区抽取的 120 家企业按利润额进行分组,结果如表 4-21 所示。

表 4-21

按利润额分组(万元)	企业数(个)
200 ~ 300	19
300 ~ 400	30
400 ~ 500	42
500 ~ 600	18
600 以上	11
合计	120

试计算 120 家企业利润额的均值和标准差。

3. 成年组和幼儿组的身高资料如下:

成年组(cm):164、166、168、170、172,平均身高 $\overline{x}_成 = 168$,$S_成 = 2.828$。

幼儿组(cm):69、70、71、72、73,平均身高 $\overline{x}_幼 = 71$,$S_幼 = 1.414$。

试比较两组身高的变异程度大小。

习题 4

一、选择题。

1. 下面调查中,适合采用普查的事件是( )。

A. 对全国中学生心理健康现状的调查

B. 对我市食品合格情况的调查

C. 对中央电视台《焦点访谈》收视率的调查

D. 对你所在班级的同学身高情况的调查

2. 图 4-10 是某班学生最喜欢的球类活动人数统计图,则下列说法中不正确的是( )。

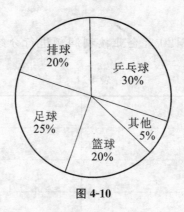

图 4-10

A. 该班喜欢乒乓球的学生最多

B. 该班喜欢排球和篮球的学生一样多

C. 该班喜欢足球的人数是喜欢排球人数的 1.25 倍

D. 该班喜欢其他球类活动的人数为 5 人

3. 在计算机上,为了让使用者清楚、直观地看出磁盘"已用空间"与"可用空间"占"整个磁盘空间"的百分比,使用的统计图是(　　)。

A. 条形统计图　　　　　　　　B. 折线统计图

C. 扇形统计图　　　　　　　　D. 以上三个都可以

4. 为了了解第 30 届奥运会中我国运动员在各个比赛项目中获得奖牌的数量,应该绘制(　　)。

A. 条形统计图　　　　　　　　B. 扇形统计图

C. 折线统计图　　　　　　　　D. 频数分布直方图

5. 晓晓某月有零花钱 100 元,其支出情况如图 4-11 所示,那么下列说法中不正确的是(　　)。

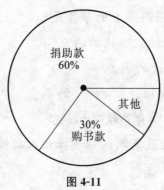

图 4-11

A. 该学生的捐助款为 60 元

B. 捐助款所对应的圆心角为 240°

C. 捐助款是购书款的 2 倍

D. 其他消费占 10%

6. 以下关于抽样调查的说法错误的是(　　　)。

A. 抽样调查的优点是调查的范围小,节省时间、人力、物力

B. 抽样调查的结果一般不如普查得到的结果精确

C. 大样本一定能保证调查结果准确

D. 抽样调查时被调查的对象不能太少

7. 一组数据有 90 个,其中最大值为 141,最小值为 40,取组距为 10,则可以分成(　　　)。

A. 9 组　　　　　　　　　　B. 10 组

C. 11 组　　　　　　　　　　D. 12 组

8. 多多班长统计去年 1—8 月"书香校园"活动中全班同学的课外阅读数量(单位:本),绘制了折线统计图(图 4-12),下列说法正确的是(　　　)。

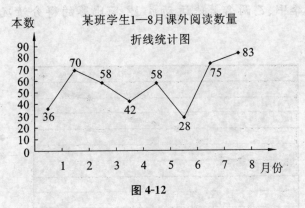

图 4-12

A. 极差是 47

B. 众数是 42

C. 中位数是 58

D. 每月阅读数量超过 40 的有 4 个月

9. 某住宅小区 6 月份 1—5 日每天用水量变化情况如图 4-13 所示,那么这 5 天平均每天的用水量是(　　　)。

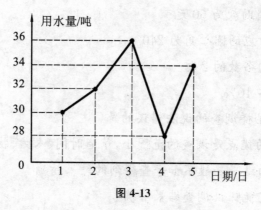

图 4-13

A. 30 吨   B. 31 吨

C. 32 吨   D. 33 吨

10. 人数相等的甲、乙两班学生参加了同一次数学测验,班级平均分和方差如下:平均分都为 110 分,甲、乙两班方差分别为 340、280,则成绩较为稳定的班级为(　　)。

A. 甲班   B. 乙班

C. 两班成绩一样稳定   D. 无法确定

11. 某赛季甲、乙两名篮球运动员 12 场比赛的得分情况用图 4-14 表示如下。

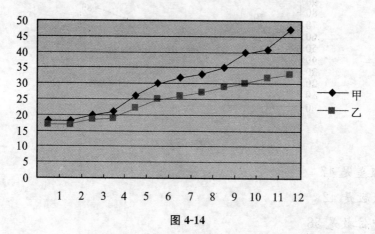

图 4-14

对这两名运动员的成绩进行比较,下列四个结论中,不正确的是(　　)。

A. 甲运动员得分的极差大于乙运动员得分的极差

B. 甲运动员得分的中位数大于乙运动员得分的中位数

C. 甲运动员的得分平均数大于乙运动员的得分平均数

D. 甲运动员的成绩比乙运动员的成绩稳定

12. 下列调查方式合适的是（　　）。

A. 为了了解某电冰箱的使用寿命，采用普查的方式

B. 为了了解全体中学生的作业量，采用普查的方式

C. 为了了解人们保护水资源的情况，采用抽样调查的方式

D. 对载人航天器"神州七号"零部件的检查，采用抽样调查的方式

13. 要反映台州某一周每天的最高气温的变化趋势，宜采用（　　）。

A. 条形统计图　　　　　　　　　　B. 扇形统计图

C. 折线统计图　　　　　　　　　　D. 频数分布直方图

14. 某市关心下一代工作委员会为了了解全市小学生的视力状况，从全市 30000 名小学生中随机抽取了 500 人进行视力测试，发现其中视力不良的学生有 100 人，则可估计全市 30000 名小学生中视力不良的约有（　　）。

A. 100 人　　　　　　　　　　　　B. 500 人

C. 6000 人　　　　　　　　　　　　D. 15000 人

15. 为了解某市参加中考的 32000 名学生的体重情况，抽查了其中 1600 名学生的体重进行统计分析。下面叙述正确的是（　　）。

A. 32000 名学生是总体

B. 1600 名学生的体重是总体的一个样本

C. 每名学生是总体的一个个体

D. 以上调查是普查

二、解答题。

1. 随着中央系列强农惠农政策的出台，农民的收入和生活质量及消费走势发生了巨大的变化，农民的生活消费结构趋于理性化，并呈现出多层次的消费结构，为了解我市农民消费结构状况，随机调查了部分农民，并根据调查数据，将 2008 年和 2011 年我市农民生活消费支出情况绘成了统计图 4-15 和统计表 4-22 如下。

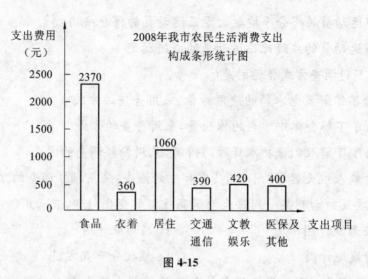

图 4-15

表 4-22   2011 年我市农民生活消费支出构成表

消费支出项目	支出费用(元)	占总生活费的百分比
食品	2630	43%
衣着	521	9%
居住	1380	23%
交通通信	430	7%
文教娱乐	a	b
医保及其他	605	c
支出总额	6050	1%

请解答如下问题:

(1) 2008 年的生活消费支出总额是多少元?支出费用中支出最多的项目是哪一项?

(2) 2011 年我市农民生活消费支出构成表中 a、b、c 的值分别是多少?

(3) 2008 年到 2011 年的生活消费支出总额的年平均增长率是多少?

2. 甲、乙两个学习小组在一次测验中的得分如下:

甲:53 56 64 69 71 72 72 73 74 75 75 76 78 81 83 90

乙:48 54 57 58 64 65 66 66 68 69 70 71 72 75 80 91

请画出两组得分的茎叶图,比较这两组学生的学习成绩。

3. 某校欲招聘一名数学教师,学校对甲、乙、丙 3 位候选人进行了 3 项能力测试,各项测试成绩满分均为 100 分,根据结果择优录用。3 位候选人的各项测试成绩如表 4-23 所示。

表 4-23

测试项目	测试成绩		
	甲	乙	丙
教学能力	85	73	73
科研能力	70	71	65
组织能力	64	72	84

(1) 如果根据 3 项测试的平均成绩选拔,谁将被录用?请说明理由;

(2) 根据实际需要,学校将教学、科研和组织三项能力测试得分按 5 : 3 : 2 的比例确定每人的成绩,则谁将被录用?请说明理由。

4. 某行业管理局所属 40 个企业 2017 年的产品销售收入数据如表 4-24 所示(单位:万元)。

表 4-24

152	124	129	116	100	103	92	95	127	104
105	119	114	115	87	103	118	142	135	125
117	108	105	110	107	137	120	136	117	108
97	88	123	115	119	138	112	146	113	126

(1) 根据上面的数据进行适当的分组,编制频数分布表,并计算出累积频数和累积频率;

(2) 如果按规定:销售收入在 125 万元以上为先进企业,115 万 ~ 125 万元为良好企业,105 万 ~ 115 万元为一般企业,105 万元以下为落后企业,按先进企业、良好企业、一般企业、落后企业进行分组。

5. 某校从甲、乙两名优秀选手中选一名参加全省大学生运动会跳远比赛。预先对这两名选手测试了 10 次，他们的成绩（单位:cm）如表 4-25 所示。

表 4-25

	1	2	3	4	5	6	7	8	9	10
甲的成绩	585	596	610	598	612	597	604	600	613	601
乙的成绩	613	618	580	574	618	593	585	590	598	624

(1) 甲、乙的平均成绩分别是多少？

(2) 甲、乙这 10 次比赛成绩的方差分别是多少？

(3) 这两名运动员的运动成绩各有什么特点？

(4) 历届比赛表明，成绩达到 596 cm 就很可能夺冠，你认为为了夺冠应选谁参加这项比赛？

附录　　常用概率统计表

附表 1　泊松分布数值表

$$P(\xi = k) = \frac{\lambda^k}{k!}e^{-\lambda}\ (k = 0,1,2,\cdots)$$

k \ λ	0.1	0.2	0.3	0.4	0.5	0.6
0	0.904837	0.818731	0.740818	0.670320	0.606531	0.548812
1	0.090484	0.163746	0.222245	0.268128	0.303265	0.329287
2	0.004524	0.016375	0.033337	0.053626	0.075816	0.098786
3	0.000151	0.001092	0.003334	0.007150	0.012636	0.019757
4	0.000004	0.000055	0.000250	0.000715	0.001580	0.002964
5	—	0.00002	0.000005	0.000057	0.000158	0.000356
6	—	—	0.000001	0.000004	0.000013	0.00036
7	—	—	—	—	0.000001	0.00003

k \ λ	0.7	0.8	0.9	1.0	2.0	3.0
0	0.496585	0.449329	0.406570	0.367879	0.135335	0.049787
1	0.347610	0.359463	0.365913	0.367879	0.270671	0.149361
2	0.121663	0.143785	0.164661	0.183940	0.270671	0.224042
3	0.028388	0.038343	0.049398	0.061313	0.180447	0.224042
4	0.004968	0.007669	0.011115	0.015328	0.090224	0.168031
5	0.000696	0.001227	0.002001	0.003066	0.036089	0.100819
6	0.000081	0.000164	0.000300	0.000511	0.012030	0.050409
7	0.000008	0.000019	0.000039	0.000073	0.003437	0.021604
8	0.000001	0.000002	0.000004	0.000009	0.000859	0.008102
9	—	—	—	0.000001	0.000191	0.002701
10	—	—	—	—	0.000038	0.000810
11	—	—	—	—	0.000007	0.000221
12	—	—	—	—	0.000001	0.000055
13	—	—	—	—	—	0.000013
14	—	—	—	—	—	0.000003
15	—	—	—	—	—	0.000001

k \ λ	4.0	5.0	6.0	7.0	8.0	9.0
0	0.018316	0.006738	0.002479	0.000912	0.000335	0.000123
1	0.073263	0.033690	0.014873	0.006383	0.002684	0.001111
2	0.146525	0.084224	0.044618	0.022341	0.010735	0.004998
3	0.195367	0.140374	0.089235	0.052129	0.028626	0.014994
4	0.195367	0.175467	0.133853	0.091226	0.057252	0.033737
5	0.156293	0.175467	0.160623	0.127717	0.091604	0.060727
6	0.104196	0.146223	0.160623	0.149003	0.122138	0.091090
7	0.059540	0.104445	0.137677	0.149003	0.139587	0.117116
8	0.029770	0.065278	0.103258	0.130377	0.139587	0.131756
9	0.013231	0.036266	0.068838	0.101405	0.124077	0.131756
10	0.005292	0.018133	0.041303	0.070983	0.099262	0.118580
11	0.001925	0.008242	0.022529	0.045171	0.072190	0.097020
12	0.000642	0.003434	0.011264	0.026350	0.048127	0.072765
13	0.000197	0.001321	0.005199	0.014188	0.029616	0.050376
14	0.000056	0.000472	0.002228	0.007094	0.016924	0.032384
15	0.000015	0.000157	0.000891	0.003311	0.009026	0.019431
16	0.000004	0.000049	0.000334	0.001448	0.004513	0.010930
17	0.000001	0.000014	0.000118	0.000596	0.002124	0.005786
18	—	0.000004	0.000039	0.000232	0.000944	0.002893
19	—	0.000001	0.000012	0.000085	0.000397	0.001370
20	—	—	0.000004	0.000030	0.000159	0.000617
21	—	—	0.000001	0.000010	0.000061	0.000264
22	—	—	—	0.000003	0.000022	0.000108
23	—	—	—	0.000001	0.000008	0.000042
24	—	—	—	—	0.000003	0.000016
25	—	—	—	—	0.000001	0.000006
26	—	—	—	—	—	0.000002
27	—	—	—	—	—	0.000001

附表 2　标准正态分布表

$$\Phi(x) = \int_{-\infty}^{x} \frac{1}{\sqrt{2\pi}} e^{-\frac{t^2}{2}} \, \mathrm{d}t = P\{X \leqslant x\} \, (x \geqslant 0)$$

x	0	1	2	3	4	5	6	7	8	9
0.0	0.5000	0.5040	0.5080	0.5120	0.5160	0.5199	0.5239	0.5279	0.5319	0.5359
0.1	0.5398	0.5438	0.5478	0.5517	0.5557	0.5596	0.5636	0.5675	0.5714	0.5753
0.2	0.5793	0.5832	0.5871	0.5910	0.5948	0.5987	0.6026	0.6064	0.6103	0.6141
0.3	0.6179	0.6217	0.6255	0.6293	0.6331	0.6368	0.6406	0.6443	0.6480	0.6517
0.4	0.6554	0.6591	0.6628	0.6664	0.6700	0.6736	0.6772	0.6808	0.6844	0.6879
0.5	0.6915	0.6950	0.6985	0.7019	0.7054	0.7088	0.7123	0.7157	0.7190	0.7224
0.6	0.7257	0.7291	0.7324	0.7357	0.7389	0.7422	0.7454	0.7486	0.7517	0.7549
0.7	0.7580	0.7611	0.7642	0.7673	0.7703	0.7734	0.7764	0.7794	0.7823	0.7852
0.8	0.7881	0.7910	0.7939	0.7967	0.7995	0.8023	0.8051	0.8078	0.8106	0.8133
0.9	0.8159	0.8186	0.8212	0.8238	0.8264	0.8289	0.8315	0.8340	0.8365	0.8389
1.0	0.8413	0.8438	0.8461	0.8485	0.8508	0.8531	0.8554	0.8577	0.8599	0.8621
1.1	0.8643	0.8665	0.8686	0.8708	0.8729	0.8749	0.8770	0.8790	0.8810	0.8830
1.2	0.8849	0.8869	0.8888	0.8907	0.8925	0.8944	0.8962	0.8980	0.8997	0.9015
1.3	0.9032	0.9049	0.9066	0.9082	0.9099	0.9115	0.9131	0.9147	0.9162	0.9177
1.4	0.9192	0.9207	0.9222	0.9236	0.9251	0.9265	0.9278	0.9292	0.9306	0.9319
1.5	0.9332	0.9345	0.9357	0.9370	0.9382	0.9394	0.9406	0.9418	0.9430	0.9441
1.6	0.9452	0.9463	0.9474	0.9484	0.9495	0.9505	0.9515	0.9525	0.9535	0.9545
1.7	0.9554	0.9564	0.9573	0.9582	0.9591	0.9599	0.9608	0.9616	0.9625	0.9633
1.8	0.9641	0.9648	0.9656	0.9664	0.9671	0.9678	0.9686	0.9693	0.9700	0.9706
1.9	0.9713	0.9719	0.9726	0.9732	0.9738	0.9744	0.9750	0.9756	0.9762	0.9767
2.0	0.9772	0.9778	0.9783	0.9788	0.9793	0.9798	0.9803	0.9808	0.9812	0.9817
2.1	0.9821	0.9826	0.9830	0.9834	0.9838	0.9842	0.9846	0.9850	0.9854	0.9857
2.2	0.9861	0.9864	0.9868	0.9871	0.9874	0.9878	0.9881	0.9884	0.9887	0.9890
2.3	0.9893	0.9896	0.9898	0.9901	0.9904	0.9906	0.9909	0.9911	0.9913	0.9916
2.4	0.9918	0.9920	0.9922	0.9925	0.9927	0.9929	0.9931	0.9932	0.9934	0.9936
2.5	0.9938	0.9940	0.9941	0.9943	0.9945	0.9946	0.9948	0.9949	0.9951	0.9952
2.6	0.9953	0.9955	0.9956	0.9957	0.9959	0.9960	0.9961	0.9962	0.9963	0.9964
2.7	0.9965	0.9966	0.9967	0.9968	0.9969	0.9970	0.9971	0.9972	0.9973	0.9974
2.8	0.9974	0.9975	0.9976	0.9977	0.9977	0.9978	0.9979	0.9979	0.9980	0.9981
2.9	0.9981	0.9982	0.9982	0.9983	0.9984	0.9984	0.9985	0.9985	0.9986	0.9986
3.0	0.9987	0.9990	0.9993	0.9995	0.9997	0.9998	0.9998	0.9999	0.9999	1.0000

习题参考答案

第1章

练习1.1

1. 45。 **2.** 10000。 **3.** 20。 **4.** 30。 **5.** 6。 **6.** 14。

7. (1)14； (2)90； (3)63。

8. 1024,120。 **9.** 22464000。

10. (1)12； (2)60； (3)47。

练习1.2

1. 1,1。 **2.** (1)6； (2)181440； (3)8。

3. 1680。 **4.** 24。 **5.** 15。 **6.** 576。

7. 136080。 **8.** 36。 **9.** 72。

10. (1)5040； (2)5040； (3)720； (4)240； (5)2400；

　　(6)1440； (7)720； (8)960； (9)288； (10)3600。

练习1.3

1. (1)45； (2)90。 **2.** 16,32。

3. (1)256； (2)144。 **4.** 240。 **5.** 24。 **6.** 345。

习题1

一、**1.** $n,\dfrac{n\times(n-1)\times(n-2)}{6},n\times(n-1)\times(n-2),20,10$。

　　2. 210。 **3.** 468。 **4.** 40。 **5.** 720。

　　6. 240。 **7.** 625。 **8.** 25。 **9.** 21。 **10.** 8。

二、**1.** (1)28； (2)14； (3)57。 **2.** 45。 **3.** (1)144； (2)72。

　　4. 18000。 **5.** 600。 **6.** 336。 **7.** 16。 **8.** 49。 **9.** 20。 **10.** 36。

第 2 章

练习 2.1

1. 略。

2. (1)确定性现象；　(2)随机现象；　(3)随机现象；

(4)随机现象；　(5)随机现象；　(6)确定性现象。

3. 略。

4. 略。

5. (1)$\Omega = \{0 \leqslant t \leqslant 62, t \in \mathbf{N}\}$，班级总人数假定为 62；

(2)$\Omega = \{$无效,有效,显效,治愈$\}$。

6. $\Omega = \{1,2,3,4,5,6,7,8,9,10\}$。

7. (1)$\Omega = \{$正正,正反,反正,反反$\}$；　(2)包括三个基本事件:$\omega_1 = \{$两次均正面朝上$\}$，

$\omega_2 = \{$第一次正面朝上,第二次反面朝上$\}$，$\omega_3 = \{$第一次反面朝上,第二次正面朝上$\}$。

8. (1)$\Omega = \{2,3,4,\cdots,12\}$；　(2)略；　(3)略。

9. (1)随机事件；　(2)不可能事件；　(3)随机事件；　(4)随机事件；　(5)必然事件；

(6)随机事件；　(7)随机事件；　(8)随机事件；　(9)不可能事件；　(10)随机事件。

练习 2.2

1. (1)$AB\overline{C}$；　(2)$AB\overline{C} \cup A\overline{B}C \cup \overline{A}BC$；　(3)$AB\overline{C} \cup A\overline{B}C \cup \overline{A}BC \cup \overline{A}\,\overline{B}\,\overline{C}$；

(4)$A \cup B \cup C$。

2. (1)$\Omega = \{1,2,3\}$；　(2)A 与 B 相容,A 与 C 不相容,B 与 C 相容；　(3)$\overline{A} = $
$\{$球的号码为 3$\}$,$\overline{B} = \{$球的号码为 2$\}$,$\overline{C} = \{$球的号码不为 3$\}$；　(4)$A \cup B = $
$\Omega, AB = \{$球的号码为 1$\}$,$A - B = \{$球的号码为 2$\}$。

3. (1)$AB\overline{C}$；　(2)$A\overline{B}\,\overline{C}$；　(3)$A\overline{B}\,\overline{C} \cup \overline{A}B\overline{C} \cup \overline{A}\,\overline{B}C$；　(4)$AB\overline{C} \cup \overline{A}BC \cup A\overline{B}C$；
(5)ABC；　(6)$A \cup B \cup C$；　(7)$\overline{A}\,\overline{B}\,\overline{C}$；　(8)$\overline{A} \cup \overline{B} \cup \overline{C}$；　(9)$A\overline{B}\,\overline{C} \cup \overline{A}B\overline{C} \cup$
$\overline{A}\,\overline{B}C \cup \overline{A}\,\overline{B}\,\overline{C}$;(10)$\overline{A} \cup \overline{B} \cup \overline{C}$。

4. (1)相容；　(2)B_1 与 B_2、B_1 与 B_3 相容,B_2 与 B_3 对立；　(3)相容。

5. (1)互不相容但不对立；　(2)相容；　(3)相容；　(4)对立。

6. (1)互不相容但不对立；　(2)对立；　(3)相容。

7. (1)互不相容但不对立；　(2)相容；　(3)相容；　(4)对立。

练习 2.3

1. 51。　**2.** $7, \dfrac{7}{30}$。　**3.** $\dfrac{3}{8}, \dfrac{3}{8}$。

4. (1)6;　(2)3;　(3)0.5。

5. (1)36;　(2)4;　(3)$\dfrac{1}{9}$。

6. (1)14;　(2)$\dfrac{7}{50}$。

7. 不公平;理由略(从掷两个骰子得到的点数和不相等角度进行说明即可)。

8. (1) $\dfrac{12}{125}$;　(2) $\dfrac{27}{125}$;　(3) $\dfrac{12}{125}$。

9. (1) $\dfrac{3}{28}$;　(2) $\dfrac{5}{14}$;　(3) $\dfrac{25}{28}$;　(4) $\dfrac{9}{14}$;　(5) $\dfrac{13}{28}$;

(6) $P_{(3)} = 1 - P_{(1)}, P_{(4)} = 1 - P_{(2)}, P_{(5)} = P_{(1)} + P_{(2)}$。

10. (1) $\dfrac{1}{3}$;　(2) $\dfrac{1}{14}$;　(3) $\dfrac{4}{21}$;　(4) $\dfrac{11}{12}$。

11. $\dfrac{6}{25}$。

练习 2.4

1. A 与 $\overline{B}, \overline{A}$ 与 $B, \overline{A}$ 与 $\overline{B}$。

2. (1)0.05;　(2)0.3。　**3.** (1)0.7;　(2)0.8。

4. 0.96。　**5.** 0.064。　**6.** 0.6。　**7.** $\dfrac{11}{32}$。

8. $P_1 P_2 \overline{P}_3 + P_1 \overline{P}_2 P_3 + \overline{P}_1 P_2 P_3$。

9. $\dfrac{5}{12}$。　**10.** 0.7。　**11.** 0.29。　**12.** 独立,不独立。

练习 2.5

1. $\dfrac{2}{15}$。　**2.** $\dfrac{2}{3}$。　**3.** $\dfrac{8}{9}$。　**4.** $\dfrac{2}{3}$。

5. $\dfrac{1}{3}$。　**6.** $\dfrac{1}{3}$。　**7.** $\dfrac{5}{9}$。　**8.** $\dfrac{7}{8}$。

9. 0.8,0.2,0.6,0.15,0.12,0.4,0.4,0.32,0.15。

10. 0.8。　**11.** $\dfrac{2}{9}$。

练习 2.6

1. 0.175。 **2.** 0.55。 **3.** 0.5275。 **4.** 0.888。 **5.** 0.6。

习题 2

一、**1～5** DAACD，**6～10** ACBBA。

二、**1.** $\dfrac{2}{n}$。 **2.** 0.3。 **3.** (1) $\dfrac{4}{9}$; (2) $\dfrac{11}{27}$。

　　4. (1)0.44; (2)0.03。 **5.** 0.04。 **6.** $\dfrac{1}{3}$。

　　7. 30%。 **8.** (1)0.3; (2)0.5。

　　9. 0.288。 **10.** $\dfrac{5}{6}, \dfrac{1}{6}, \dfrac{2}{3}$。

三、**1.** (1) $\dfrac{113}{250}$; (2) $\dfrac{83}{125}$。

　　2. (1) $\dfrac{3}{5}$; (2) $\dfrac{9}{25}$; (3) $\dfrac{21}{25}$。

　　3. (1) $\dfrac{9}{20}$; (2) $\dfrac{9}{20}$; (3)0.5。

　　4. (1) $\dfrac{137}{250}$; (2) $\dfrac{93}{500}$; (3) $\dfrac{133}{500}$。

　　5. (1)12; (2)3; (3)6; (4)6。

　　6. 0.18。 **7.** 0.019。 **8.** 0.8。

第 3 章

练习 3.1

1. $X \in \{1,2,3,4,5,6\}$。 **2.** $Y \in \mathbf{N}$。 **3.** $Z \in (0, +\infty)$。 **4.** $X \in \{红, 黄, 绿\}$。

5. $Y \in \{0,1,2,3,\cdots,10\}$。 **6.** $Y \in [0,175]$。 **7.** $Z \in (0,30]$。 **8.** 略。

9. $Z \in \{0,1,2,\cdots,10\}$。 **10.** $X \in \{0,1,2\}$。

练习 3.2

1. $\dfrac{1}{3}$。 **2.** 0.2,0.7。 **3.** 0.2。 **4.** 0.88。

5. 略。

6. $\dfrac{27}{220}$。

7~8. 略。

9. (1) $\dfrac{6}{7}$；(2) 略。

10. (1) $\dfrac{2}{3}$；(2) 略。

练习 3.3

1. 略。

2. $F(x)=\begin{cases}0, & x<0,\\ 1-p, & 0\leqslant x<1,\\ 1, & x\geqslant 1。\end{cases}$

3. (1) $a=\dfrac{1}{8},\dfrac{5}{8},\dfrac{1}{2},\dfrac{1}{4}$；(2) 略。

4. 略。

5. X 的分布列为

X	1	2	3	4
P	0.1	0.4	0.2	0.3

所求概率分别为 0,0.1,0.5,0,0。

练习 3.4

1. (1)2.4；(2)5.8。　**2.** $\dfrac{20}{9}$。

3. 7。　**4.** 2。　**5.** $\dfrac{8}{27}$。

6~8. 略。

9. (1) $\dfrac{1}{32}$；(2)-0.375。　**10.** 90,25。

11. (1) $\dfrac{32}{81}$；(2) $\dfrac{24}{81}$；(3) $\dfrac{20}{9}$。

12. (1) $\dfrac{2}{3}$；(2)$E(X)=8000$。

练习 3.5

1. 10,0.8。　**2.** 2。　**3.** 0.49。　**4.** $\dfrac{2}{9}$。　**5.** 0.21。

6. 1。 **7.** (1)0.5,0.25; (2)5,2.5。 **8.** 甲。

9 ～ 10. 略。

习题 3

一、**1.** ①②④。

  2. 2,3,4,5,6,7,8,9。

  3. 4,4。

  4. 50,25,99,100。

  5. 6。 **6.** 1。 **7.** 0,0.2,0.4。

  8. (1,2]。 **9.** $\frac{1}{3}$。 **10.** $\frac{27}{38}$。

  11. $\frac{2}{3}, \frac{2}{3}$。 **12.** 0.9919。

二、**1.** (1) $\frac{2}{7}$; (2)略; (3)$E(\xi) \approx 1.143, D(\xi) \approx 0.475$。

  2. (1)～(2)略; (3)$\frac{65}{81}$; (4)$\frac{4}{3}, \frac{8}{9}$。

  3. (1)$\frac{73}{135}$; (2)略。

  4. 略。 **5.** (1)$\frac{29}{182}$; (2)略。

  6. (1)略; (2)1,1。 **7.** (1)略; (2)4.34; (3)3%。

第 4 章

练习 4.1

1. (1)定类; (2)定序; (3)定距; (4)定比; (5)定距、定序、定比。

2. (1)定序数据; (2)定量数据; (3)定类数据。

练习 4.2

1. 该厂生产的阿司匹林,每一盒阿司匹林;10000,100。

2 ～ 5. 略。

练习 4.3 略。

练习 4.4

1. (1)条形; (2)折线; (3)饼图。

2. (1)×；　(2)×；　(3)×；　(4)√。

3. (1)B；　(2)C；　(3)A。

练习 4.5

1. 180、178、176.8。

2. 略。

练习 4.6　略。

习题 4

一、1～5　DDCDB，6～10　CBCCB，11～15　DCCCB。

二、**1.** (1)5000、食品；　(2)484、0.08、0.1；　(3)约为5.5%。

　　2. 略。

　　3. (1)丙；　(2)甲。

　　4. 略。

　　5. (1)601.6、599.3；　(2)65.84、302.81；　(3)略；　(4)甲。